精英思维课

墨菲定律

王雄 ◎ 编著

山东画报出版社

图书在版编目（CIP）数据

墨菲定律 / 王雄编著 . -- 济南：山东画报出版社，
2020.5
（精英思维课）
ISBN 978-7-5474-3511-3

Ⅰ.①墨… Ⅱ.①王… Ⅲ.①成功心理－通俗读物
Ⅳ.① B848.4-49

中国版本图书馆 CIP 数据核字 (2020) 第 063976 号

墨菲定律
（精英思维课）
王　雄 编著

责任编辑　许　诺
装帧设计　青蓝工作室

主管单位　山东出版传媒股份有限公司
出版发行　山东画报出版社
　　　　社　　　址　济南市市中区英雄山路 189 号 B 座　邮编 250002
　　　　电　　　话　总编室（0531）82098472
　　　　　　　　　　市场部（0531）82098479　82098476（传真）
　　　　网　　　址　http://www.hbcbs.com.cn
　　　　电子信箱　hbcb@sdpress.com.cn
印　　刷　北京一鑫印务有限责任公司
规　　格　870 毫米 ×1220 毫米　1/32
　　　　　　　6 印张　160 千字
版　　次　2020 年 5 月第 1 版
印　　次　2020 年 5 月第 1 次印刷
书　　号　ISBN 978-7-5474-3511-3
定　　价　149.00 元（全 5 册）

前　言

2003年10月2日，搞笑诺贝尔奖颁发给了墨菲定律的创立者爱德华·墨菲、约翰·保罗·斯坦普和乔治·尼克斯。

通俗地说，墨菲定律说的是：怕什么来什么，而且一定会来。

墨菲定律是一种科学定律，它是让我们关注概率，抛弃恐惧、逃避、侥幸的心理，专注于改变自己能改变的事情，让事情的走向在大概率上能够变好。墨菲定律指出：客观上存在的危险，只要善于做好危机管理，就能防患于未然。

除了墨菲定律之外，本书还集合了古今中外几十条定律与效应。这些智慧满满的定律与效应，告诉我们生活当中的每一种现象都不是孤立的，都有一定的规律可循。当人们认识到事物的实质并通过实验总结出它的规律时，就等于"摸到了上帝圣袍的边缘"。

即便是生活中司空见惯的一些琐事，只要透过事物的表面现象看到事物的本质，通过实验得出规律性的结论，从中找出解决问题的办法，就是遵循了科学的态度。这些在科学态度下的定律与效应，请不要仅仅停留在纸面的阅读理解，而要贯彻到生活之中。

有一千个读者，就有一千个哈姆雷特。或许，这正是悲剧《哈姆雷特》的魅力所在。编者所解读的这些定律与效应，也许与读者的感受会有所不同。但这并不要紧，只要你被这些定律与效应触动了，思考了，感悟了，就会令编者无比欣慰。

如果读者因为本书而得到一条值得铭记一生的定律或效应，那将是读者的莫大收获，也是编者的无上光荣。

目　录

第一章　洞悉人性，通达事理

第二章　点亮智慧，成就人生

第三章　强化自我，提升境界

第四章　赢得博弈，占据主动

第一章

洞悉人性，通达事理

任何事情的背后，都是人性的抉择和较量。看透人性的过程，取决于对发生事实背后的关注与思量。

一个睿智的人不仅会关注事物表象的发展，对于推动甚至是驾驭事情发展的背后的人们，更会产生非常缜密的思考与判断。

首因效应：初次见面犹如童贞

首因效应是由美国心理学家洛钦斯首先提出的，也叫首次效应、优先效应或第一印象效应，指交往双方形成的第一次印象对今后交往关系的影响，也即是"先入为主"带来的效果。虽然这些第一印象并非总是正确的，但却是最鲜明、最牢固的，并且决定着以后双方交往的进程。

如果一个人在初次见面时给人留下良好的印象，那么人们就愿意和他接近，彼此也能较快地取得了解，并会影响人们对他以后一系列行为和表现的解释。

反之，对于一个初次见面就引起对方反感的人，即使由于各种原因难以避免与之接触，人们也会对之很冷淡，在极端的情况下，甚至会在心理上和实际行为中与之产生对抗状态。

多个实验表明这种效应是存在的：向四组大学生介绍一个陌生人，对第一组大学生说这个人性格外向；对第二组大学生说这个人性格内向；对第三组大学生先说这个人外向的特征，后说内向的特征；对第四组大学生先说这个人内向的特征，再说外向的特征。然后让四组人分别叙述对这个人的印象。结果，第一、二组的印象是显而易见的；第三组则普遍认为他是外向型人；第四组则普遍认为他是内向型人。这就是首因效应。

在第三、四组中，如果插进较强的语言刺激，这时后面的信息就会发生作用，第三组则被认为是内向的，第四组则被认为是外向的，这就是近因效应的结果。

可见，在人际交往中，人们总是倾向于重视前面的信息，而忽视后面的信息，即使人们同样注意了后面的信息，也会不自主地习惯于按照前面的信息来解释后面的信息。即使后面的信息与前面的信息不一致，也会屈从于前面的信息，以形成整体一致的印象。

美国心理学家曾对麻省理工学院一个班级的学生进行了一个实验。上课之前，实验者向学生宣布，临时请一位研究生来代课。接着分别向学生介绍了有关这位研究生的一些情况。其中向一半学生介绍研究生具有热情、勤奋、务实、果断等项品质，向另一半学生介绍的信息除了将"热情"换成"冷淡"之外，其余各项都相同。而学生们并不知道这两种介绍间的差别。

研究生上课结束后，实验者要求学生们填写问卷，讲出他们对代课教师的印象。结果表明，得到包括"热情"信息的学生，对代课教师有更好的印象，纷纷用"是一个能体谅别人、不拘小节、有幽默感、脾气好的人"来形容。这一系列特征都是学生们自己根据"热情"这一核心品质扩散而推论出来的。

而得到包括"冷淡"品质的信息的学生，则从中泛化出有关研究生的许多消极品质。可见，仅就"热情"与"冷淡"之别，竟会影响对人整体的印象。

首因效应犹如童贞般宝贵，失去就不可以再来。那么我们如何利用首因效应，给他人留下良好的第一印象呢？

成功学家卡耐基在《如何赢得朋友》一书里，总结了六条给人留下良好印象的途径：真诚地对别人感兴趣；微笑；多提别人的名字；做一个耐心的倾听者，鼓励别人谈他们自己；谈符合别人兴趣的话题；以真诚的方式让别人感到他自己很重要。

很显然，首因效应具有先入性、不稳定性、误导性，根据第一印象来评价一个人往往失之偏颇。因此，我们在与人交往时，也需要时常提醒自己不要轻易对他人下结论。孔子的"吾始于人也，听其言而信其行；吾今于人也，听其言而观其行。"说的就是这个道理。

边际效用递减：好汤最多吃三碗

杰米扬准备了一大锅鱼汤，请朋友老福卡前来品尝。

"请啊，老朋友，请吃啊！这个鱼汤是特别为你预备的。"杰米扬知道老福卡最爱喝鱼汤。

果然，老福卡喝得津津有味。

"再来一碗！"杰米扬可不是小气鬼，他是热心肠，而且很好客。

"不，亲爱的朋友，吃不下了！我已经吃得塞到喉咙眼了。"老福卡回答。

"没关系，才一小盆，总吃得下去的。味道的确好，喝这样的鱼汤也是口福呀！"

"可我已经吃过三碗了！"

"嗨，何必算那么清楚呢？哦，你的胃口太差劲！凭良心说，这汤真香，真稠，在盆子里凝结起来，简直跟琥珀一样。请啊，老朋友，替我吃完它！吃了有好处的！喏喏，这是鲈鱼，这是肚片，这是鲟鱼。只吃半盆，吃吧！"杰米扬大声喊来自己的妻子，"珍妮，你来敬客，客人会领你的情的。"

杰米扬就这样热情地款待老福卡，不让他休息，不让他停止，一个劲儿劝他吃。老福卡的脸上大汗如注，勉强又吃了一碗，并装作津津有味的样子，其实却是实在吃不下了。

"这样的朋友我才喜欢，那些吃东西挑剔的贵人们，我想想就觉得可气。"杰米扬嚷道:"真痛快!好,再来一碗吧!"

奇怪的是,老福卡虽然很喜欢喝鱼汤,但是马上站起身来,赶紧拿起帽子、腰带和手杖,用足全力跑回家去了。

从此,老福卡再也不上杰米扬的门。

以上是著名寓言家克雷洛夫写的一则寓言。对这则寓言,一般人的解读不外乎是:再好的东西,如果不加节制地强加于人,也会适得其反,使人难以忍受。这种读后感当然也没有错,只是不够深刻。

从经济学的角度来看,这则寓言说的其实是一种叫"边际效用递减"的现象,又被称为"边际收益递减"。"边际效用"是经济学中一个非常重要的概念,指在一定时间内消费者增加一个单位商品或服务所带来的新增效用,也就是总效用的增量。在经济学中,效用是指商品满足人的欲望的能力,或者说,效用是指消费者在消费商品时所感受到的满足程度。

而边际效用递减,指的是在一定时间内,在其他商品的消费数量保持不变的条件下,随着消费者对某种商品消费量的增加,消费者从该商品连续增加的每一消费单位中所得到的效用增量即边际效用是递减的。

经济学的基本规律之一也是边际效用递减。经济学家在用边际效用解释价值时,引发了经济学上一种革命性的变革。因此,边际效用理论是现代经济理论的基石,它的出现被称为经济学中的"边际革命"。

具体到我们的生活中,边际效用递减的例子比比皆是。例如,无论男女,对初恋情人总是难以忘怀。因为是第一次爱,感情难忘值是很高的。再比如,有一个地方很好玩,是旅游的好去处,如果你第一次去，就觉得很新奇，玩得很痛快，觉得收获也不小；但如果去的次数多了，就不觉得有那么好玩了。

因此，经济学家茅于轼先生曾在文章《幸亏我们生活在一个边际收益递减的世界里》中感叹："如果收益不递减，而是永远成比例，甚至还递增，我们就会面临一个疯狂的世界，全世界的人醉心于单一的消费，而且这种消费由一种极端畸形的方式在生产，譬如全世界只种一块地。然而收益递减律无法用任何逻辑的方法加以证明，所以它只能当作经济学中的一条公理被接受。"

想想也是，若是没有边际效应递减，你喜欢的地方去一百次也不厌倦，每天吃自己爱的那样美食、做自己喜欢做的事情……那样，在朋友与家人眼里，是不是很恐怖呢？

在亲子教育方面，边际效用递减的例子也有很多。有些家长看了《告诉孩子你真棒》之后，就以为"夸奖"是教子的不二法门，于是一天到晚地夸奖孩子这也"真棒"那也"真棒"。

殊不知，"棒"太多太滥，在孩子心里根本激不起一丝涟漪。同样，批评也是，天天批评孩子，孩子最后都无所谓了，在批评面前视若无物。这时家长又有了继续批评的理由——你怎么那么脸皮厚……吧啦吧啦。可是，是谁造成了这个恶果呢？不是别人，正是家长自己。

在对边际效用递减进行了解之后，在我们的实际生活中，就可以尝试着运用它。一方面，努力让自己别成为"杰米扬"。在允许的范围内，试着采用一些新的方式。哪怕是给家人做道新式的菜，说句很久没说的"我爱你"。

另一方面，如果自己是"老福卡"，要领会到"杰米扬"的好意。妻子十年如一日地给你洗衣做饭，作为"老福卡"的你，是否因为边际效用递减而无视了她？

　　如此种种，不一而足。若举一反三，无论对于工作还是生活，均大有裨益。

凡勃伦效应：为什么有人专挑最贵的买

看过冯小刚导演的电影《大腕》的人，应该对里面的一段经典台词记忆犹新，其讽刺的就是某些人的炫耀性消费："一定得选最好的黄金地带，雇法国设计师，建就得建最高档次的公寓，电梯直接入户，户型最小也得四百平方米。什么宽带呀，光缆呀，卫星呀，能给他接的全给他接上……什么叫成功人士，你知道吗？成功人士就是买什么东西，都买最贵的，不买最好的!"

艺术来源于生活，但高于生活。当年冯小刚的电影可谓极尽夸张以塑造鲜明形象，孰料今日人们的炫耀性消费比电影情节有过之而无不及。什么煤老板几千万嫁女之类的新闻不绝于耳。

一个多世纪前，凡勃伦写了《有闲阶级论》，被称为炫耀性消费。在凡勃伦的书里，商品被分为两大类：非炫耀性商品和炫耀性商品。其中，非炫耀性商品只能给消费者带来物质效用，炫耀性商品则给消费者带来虚荣效用。所谓虚荣效用，是指通过消费某种特殊的商品而受到其他人尊敬所带来的满足感。他认为：富裕的人常常消费一些炫耀性商品来显示其拥有较多的财富或者较高的社会地位。

后来，这种现象在经济学上被称为"凡勃伦效应"，这种炫耀性消费的商品也被称为凡勃伦物品。有的经济学家还画出了一条向上倾斜的需求曲线——价格越高，需求量越大。经济学家们发现，凡勃伦物品包含两种效用，一种是实际使用效用，另外一种是炫耀性消费效用。炫耀性消费效用由价格决定，价格越高，炫耀性消费效用越高，凡勃伦物品在市场上也就越受欢迎。

凡勃伦认为，有闲阶级在炫耀性消费的同时，他们的消费观点也影响了其他一些相对贫困的人，导致后者的消费方式也在一定程度上包含了炫耀性的成分。此言不虚，看看当今的新闻：今天你"割左肾"买苹果手机，明天我"卖右肾"换游戏装备。而那些舍不得"割肾"的，也可以花5元一个月租个软件，在聊QQ或发微博时，让自己的手机显示为"iPhone"。图什么？就是图有面子，可以炫耀。

一个朋友要换车，理由不是现在的车子不好，而是周围的朋友都换好车了，不换台好点的会让自己没面子。很多时候，我们买一样东西，看中的并不完全是它的使用价值，而是希望通过这样东西显示自己的财富、地位或者其他，所以，有些东西往往是越贵越有人追捧，比如一辆高档轿车、一部昂贵的手机、一栋超大的房子、一场高尔夫球、一顿天价年夜饭……

按照凡勃伦物品的定律，如果价格下跌，炫耀性消费的效用就降低了，这种物品的需求量就会减少。对于一位凡勃伦物品的崇拜者，一件时装款式与质量再好，标价1000元，他也许根本不会瞧一眼。因为这个商品里只剩下实际使用效用，不再有炫耀性消费效用。

在日常生活中，很多人都会有意无意中掉入炫耀性消费的陷阱。奢华和高档商品及其形象会成为一个巨大的"符号载体"。在某种程度上，这种符号象征着人们的身份或社会经济地位。生活本来不易，何必再给自己套上"炫耀"的枷锁负重而行？

放下虚荣，得到自在。

冷热水效应：一种高明的操纵术

一杯温水，保持温度不变，另有一杯冷水，一杯热水。先将手放进冷水中，再放到温水中，会感到温水热；若将手放在热水中，再放到温水中，会感到温水凉。同一杯温水，出现了两种不同的感觉，这就是我们要说到的"冷热水效应"，又叫对比认知效应，如果会使用这种效应，就是会使用这种既常见又有效的心理谋略。

这种效应的出现，是因为人人心里都有一个参照物，只不过是参照物并不一致，也不固定。随着心理的变化，参照物也在变化。人们对事物的感知，就是受这参照物的影响。

鲁迅先生曾经说过："如果有人提议在房子墙壁上开个窗口，势必会遭到众人的反对，窗口肯定开不成。可是如果提议把房顶扒掉，众人则会相应退让，同意开这个窗口。"

这就是一种典型的"冷热水效应"：当提议"把房顶扒掉"时，对方心中的"秤砣"就变小了，对于在"墙壁上开个窗口"这个劝说目标，就会顺利答应了。冷热水效应可以用来劝说他人，如果你想让对方接受"一盆温水"，为了不使他拒绝，不妨先让他试试"冷水"的滋味，再将"温水"端上，如此他就会欣然接受了。

甲、乙二人是一家大公司的谈判高手，这对黄金搭档一出马，几乎没有谈不成的业务，他们深得公司员工的尊重和信赖。原来，他们二人的法宝就是运用"冷热水效应"去说服对方。每次谈判，甲总是提出苛刻的要求，令对方惊惶失措，灰心丧气，一筹莫展，等到在心理上把对方压倒时，也就是对方感到"山重水复疑无路"时，乙就出场了，他提出了一个折中的方案，当然这个方案也就是他们谈判的目标方案。

面对这样的"柳暗花明又一村"，对方往往会很愉快地签订了合同。在这种阵势面前，就算该方案中有一些不利于对方的条件，对方也会认为比起原来的方案要好得多，从而接受。

这种技巧，不仅在经商洽谈中可以发挥巨大作用，在平时生活中的大事小事上也能发挥很好的效果。

一次，一架民航客机即将着陆时，机上乘客忽然被通知，由于机场拥挤，无法降落，预计到达时间要推迟 1 个小时。顿时，机舱里一片抱怨之声，乘客们在等待中度过。几分钟过后，乘务员就宣布，再过 30 分钟，飞机就可以安全降落，乘客们如释重负地松了口气。又过了 5 分钟，广播里说，现在飞机马上就要降落了。虽然晚了十几分钟，乘客们却喜出望外，纷纷拍手相庆。在这个事例中，机组人员无意之中运用了冷热水效应，首先使乘客心中的"秤砣"变小，当飞机降落后，对晚点这个事实，乘客们不但没有厌烦，反而感到异常兴奋。

先让对方尝尝"冷水"的滋味，就会使他心中的"秤砣"得以缩小，他会对获得的"温水"感到高兴。在人际交往中，如果能够让对方在关键时刻或者在平常日子里高高兴兴，还有什么事办不成呢？

另外，在给人以帮助时，这种谋略同样适用。其道理也显而易见，当我们没有能力满足对方提出的要求时，不妨先端给对方一盆

"冷水"，再端给他一盆"温水"，这样的话，你的这盆"温水"同样会获得他的一个良好评价，要比直接"由热到温"的效果明显得多。

不利条件原理：你们都比不上我

一些位高权重的老领导，会在年老多病之时仍然饮酒、吸烟。

某房地产大佬，退居幕后做了董事长后，迷上了熬夜打牌。

这些行为让人觉得很奇怪，难道他们不懂得爱惜自己的身体吗？

对此，鸟类学家扎哈维用"不利条件原理"给出了合理解释。

扎哈维是位鸟类学家，一生大部分时间消耗在以色列和约旦的边界上，他因为发表"不利条件原理"而闻名于世。这个涵盖面广而引起争议的学说的宗旨之一，是要解释羚羊为什么要跳跃，孔雀为什么要拖着相当于它身长两倍的、美丽却碍事的尾巴，以及人类为什么要投入那些不寻常的炫耀行为。

按扎哈维的不利条件原理：动物和人类不是在做出最冒险、最过分的行为后侥幸能存活，而正是因为有这类行为而存活。这些行为如同我们做广告的方式，借此告诉别人我们有多么能干、多么健康、多么大胆。所以我们的广告行为必须包含重大成本——也就是不利条件，才足以说服人。

由此可见，羚羊在逃命时的跳跃尽管是浪费体力的危险行为，但是它仍然愿意冒这个险，因为它等于是在告诉猎豹："你休想猎杀我这么强健的羚羊。"

我们人类往往也是如此，尽管有些人给自己加上的不利条件可能有丧命之虞，然而，即便是付出这种代价，他们也面不改色，等于是在告诉世人："你们哪一个也比不上我。"

扎哈维在 20 世纪 70 年代刚提出不利条件原理之后，生物学权威们的反应就像冷不防挨了一棍似的。牛津大学进化论专家道金斯在《自私的基因》初版中指出这个原理"叛逆得走过了头"，并且以科学论述中极罕见的明白语气说："我根本不相信这个说法。"

美国拉特格斯大学的进化论学者罗伯特·屈弗斯开玩笑说，如果把扎哈维的概念推论到极端，就意味着有一种鸟以上下颠倒的姿势飞，以借这种方式证明自己正着飞能飞得更好。

扎哈维本人倒是不大计较的。他本来是保护野生动物界的重要人物，中年时改行进入生物学界，用数学模型测验概念的标准科学方法与他的性格不合，他的概念基础全凭观察与直觉而来。对于不能接受他结论的人士，他认为他们的智力有问题，这些人士中不乏著名科学家。

一天，有人向他提及屈弗斯的玩笑话，他说："本来就有鸟儿会上下颠倒着飞。"他随即说出许多鸟种的名称，都是会在求偶炫耀中做逆向动作的。其实扎哈维自己说话常常就像不利条件原理的典型例子，他以一句话概括不利条件原理的精髓："一桩事可能因为它有危险却能带来更大的机遇。"

越来越多的证据显示，他的不利条件原理并没有错。有一项研究指出，非洲鬣狗的确不会去追猎那些会跳跃的动物，显然是因为不跳跃者比较容易猎到手，牛津大学生物学家阿兰·葛雷芬竟然用数学模型证明，不利条件之说从进化观点来看是有道理的。

道金斯在再版《自私的基因》时不无抱怨地嘀咕道："我们不能再以常识为由排除几乎疯狂到极点的那些理论了"。他接着写道："假如葛雷芬也是对的——我也认为他是对的……我们对于行为进化的整个看法也许因此必须彻底改变。"

扎哈维的不利条件原理其实讲到了进化论思想的一个核心问题。达尔文最著名的进化论学说当然是自然淘汰论，但是他在 1871 年发表的《人类起源与性的选择》中也提出过一个同样重要的观念，这个观念一直到 20 世纪中叶才开始受到重视：按性选择进化论的观点，遗传基因的改变受吸引异性的本领的影响，至少与受自然淘汰的影响一样多。

自然淘汰的观点认为，谁有不利的炫耀性生物特征，谁就会因此而丧命。因此，北极狐的腰上如果长着一片红色的毛，就如同在身上写着"吃我"的字样，一定会很快成为北极熊的点心。同理，浑身白毛是北极狐的有利特征，可使它在雪地中不易被发现。

然而，绝大多数物种的交配成败是由雌性掌握的，接受交配的条件也大多由雌性动物根据雄性动物的"性"特征而决定，因此雌性动物往往都抗拒不了腰上有"吃我"字样之雄性的吸引力。换言之，雌性似乎中意那些具有不利存活特征的雄性：例如，雄孔雀必须耗费许多精力保养漂亮的尾羽，尽管尾羽有碍它的飞行能力，使它更易被掠食者捕获。

雌孔雀自己的单调羽色证明她深信保护色大有优点，但是她几乎每次选对象都挑中尾巴更大、羽色更鲜艳的一个。

动物世界有太多雌性专爱一些看似很愚蠢的雄性炫耀，包括利用鲜艳的羽毛、粗大的尾巴、夸大的求偶仪式等；人类的世界当然也存在类似的情形。例如，身价上亿的露华浓老板帕尔曼追求他的第三任妻子的时候，在洛杉矶国际机场他自己的私人飞机上打电话给她，不是仅仅要求约会，而是告诉她，引擎已经开动，而且要一直开着，直到她来与他会合。如此不在乎花费的炫耀令她内心悸动，终于说出了"我愿意"。

一些时候，破帽遮颜，并非由于贫穷，而是为了安全；锦衣宝马，也不一定就是爱慕虚荣，只是不得不营造场面。

每次苹果手机出新款，网上都会调侃又有人要割肾了。为了买一台手机而卖掉自己的肾脏，这在大多数人眼里简直不可思议，然而这样的新闻并不鲜见。必须承认，很多人，穿什么、用什么，并不是基于审美的需求，而是基于别人评价的需求。

经济学家凡勃伦在《有闲阶级论》一书中，就专门用一章来讨论有闲阶级是如何把服装作为金钱、文化的表达。他认为，人们在服装上的花费，考虑更多的是如何使自己的外表更可敬，而不是遮体。服装是显示人的财富、闲暇和地位的媒介。凡勃伦所谓的"有闲阶级"，与所谓的"潮人"大有交集。

这就说明，人们的所作所为，很大程度上是要向别人传递某种信号，外表和行为是非常重要的。

单因接触效应：增加曝光你就赢了

单因接触效应又叫多看效应、曝光效应、接触效应等，它是一种心理现象，指的是人们会偏好自己熟悉的事物，某样事物出现的次数越多，对其产生的好感度也越高（当然前提是这件事物首次出现没有给人带来极大的厌恶感）。社会心理学又把这种效应叫作熟悉定律，对人际交往吸引力的研究发现，我们见到某个人的次数越多，就越觉得此人招人喜爱、令人愉快。

但在人际关系上，为了获得对方的好感，难道只是接触次数增加就足够了吗？

曾经有一个有趣的实验，实验方法是准备 12 张某大学毕业生的大头照，然后随便抽出几个人的照片并让学生们看这些照片。开始实验时，对这些学生说明："这是一个关于视觉记忆的实验，目的是为了测定你们所看的大头照，能够记忆到何种程度。"而实验的真正目的，则在于了解观看大头照的次数与好感度的关系。

观看各大头照的次数为 0 次、1 次、2 次、5 次、10 次、25 次，按条件各观看两张大头照。随机抽样，总计 86 次。

实验结果证明，接触次数与好感度的关系成正比。也就是说，当观看大头照的次数增加时，不管照片的内容如何，好感度都会明显地增加。

最能有效活用这种单因接触效应的就是电视广告。刚开始觉得无聊的广告，每天多看几次，就会渐渐觉得有种"亲切"感。连续剧也是如此。没有看过的人完全不感兴趣；一旦持续观看之后，只要每天一没看到主角，似乎就会觉得情绪有些不稳定。像新闻主播或主持人也是同样的道理，每天看就会逐渐产生好感。

因此，演艺人员的人气虽然与个人的个性或演技有关，但大多和电视上出现的频率多少有密切的关系。如果在电视上露脸的频率较多，观众自然对有较多单纯接触的演艺人员产生好感。从这种意义来看，人气的确是可以制造出来的。

但单因接触效应还必须有一个先决条件，那就是一定要有较好或者不坏的第一印象。第一印象不好，就算日后再见多少次面，单纯接触的效果也无法发挥作用。就像我们每天在公司或学校中会遇到很多人，如果无条件地应用"单因接触效应"的话，按道理可能会喜欢所有的职员或同学了吧！但实际上并不是如此，应该还有几个讨厌的上司或同事、同学。

实际运用这个研究所产生效果的是推销员。如果第一印象不好，则不管再去拜访几次，对方也无法从内心接纳你，因此，一定要先建立良好的第一印象。

虽然着装和说话的技巧是重要的因素，但是若请教一些高明的推销员，他们都会告诉你，给顾客带一些所需要的信息去比较容易建立良好的第一印象，生意反倒是次要的了。例如对方在玩股票，如能给他提供一些有关股票的信息，定能吸引对方的注意力，最后使他认识自己的存在。反复几次后，单因接触效应就能发挥出作用。对方一旦对自己产生了好感，就能顺利地将产品推销出去。

换言之，如果这种熟知性无法发挥作用的话，对方就不会产生关心或好感。所以，平时在公司或学校光是擦肩而过是不行的，应该出声打招呼，让同事或同学认识自己。

布雷姆效应：失去的才是最宝贵的

布雷姆效应的意思是说，即使是没有价值的东西，一旦失去的时候，都会觉得非常可惜，而产生想要追回的想法。

心理学认为这是因为在选择的自由被剥夺后而产生的一种带有逆反心理的情绪，也就是想要恢复被剥夺的自由，这种状态称为"负面情绪"。

例如在这里有三种东西可以自由选择。但是由于某种因素的干扰，无法做出对其中一种的抉择。

这时，每个人都会有反对的心态，会想要拥有这个不能选择的东西。也就是说，产生了一种想要恢复自由的强烈愿望，因此使这个东西的魅力提高，得到更高的评价。

心理学家布雷姆等人为了确认这一点，做了以下的实验：

聚集一群大学生，拜托他们协助唱片公司的市场调查工作，内容为调查大学生喜欢的音乐类型。调查的第一天，让这些大学生听四种音乐 CD，然后再按喜欢的程度分别给予评价。

这时告诉大学生，为了感谢他们协助调查，等到明天调查结束后，会让他们在先前聆听的四种唱片中挑选一张，当作礼物。

这四种音乐 CD 都可当作赠品，而且告诉他们，其中三种价值 3 美元，其中一种价值 1 美元，借此来实验选择自由的重要性。

第二天，和大学生约定的唱片已经送来了。主持实验者宣称：

因为运送过程中有些错误，现在只有其中的三张唱片能送给各位。而没有送来的这一张唱片，是前一天大学生们普通给予较低评价的一张价值 3 美元的唱片。

为了与以上的实验结果进行比较，则在另外一次赠送唱片全都送达的情况下，进行同样的实验。

布雷姆等人预测大学生们经验的负面情绪，应该是失去 3 美元的 CD 时比失去 1 美元的 CD 产生更严重的负面情绪。但实际上，大学生并未根据唱片售价改变对唱片的评价。

四张赠送用唱片中的一张唱片没有送达（就是前一天评价较低的唱片）。在这个条件下再度进行实验。结果当四张赠送用的唱片全都送来时，大学生们对唱片的评价并没有出现任何的负面情绪。但若有一张无法送达，那张不能成为选择对象的唱片，让大学生们对其重新评价时，则明显比前一天的评价提高了不少。

这样的倾向明显地表现在教育孩子的问题上。原先不屑一顾的东西，一旦失去之后，孩子就会缠着父母说："我要那个东西！"一旦真的买给他，他又变得不是那么想要了，甚至兴趣大减。

结论是这种反对的心理状态，是因为不知道自己究竟真的喜欢什么东西，什么东西比较好而引起的。也就是说，任何人都没有对于人或物可以加以评价的绝对标准。

例如，放置四个同样的物品在这里，当顾客若无其事地在拿起其中的一个，店员说："我不建议您选择购买这个产品。"这时，顾客就会很奇怪地问："为什么呢?"反而比较容易留下印象。

此外，若将卖不出去的东西定出较高的价格，反而比较容易卖出去，可能也与此有关吧！看起来比较显眼，或者原本埋没的商品一旦赋予较高的价格时，顾客可能就会认为这才是好东西。

我们不是常说"一分钱，一分货"吗？恐怕就是这个道理。"看起来没这个价值，为什么会这么贵呢？"这时就会中圈套，开始对这个东西感兴趣。

人通常是按照自己的意思来判断事物，但是在做最后决定时，可能会因为一些莫名其妙的逻辑而左右思考，做出错误的判断。所谓的思考，只是人们的想法，而不是真正思考后的判断。结婚也是如此。没有人可以保证婚后一定会幸福，可是在结婚之前，大家会认为自己一定能拥有幸福的婚姻。

虽然自己深思熟虑，基于明确的根据来做判断，可是到最后却可能还是按照自己的情绪来做决定。

虽然交往还不够深，但因为对方要调走而结婚的例子，也是时有所闻。先前他只不过是交往对象中的一个，可是一旦调职离开，就会失去这个男朋友。

虽然有些勉强，但在快要失去这个人的时候，就会突然觉得他是一个很重要的人。也就是说，我们判断事物时，并不具有绝对的标准值，因此容易产生错觉或误解。但是也正因为如此，人生才显得有趣！

安慰剂效应：相信的力量

安慰剂效应，指病人虽然获得无效治疗，但却"预料"或"相信"治疗有效，而让病患症状得到舒缓的现象。

安慰剂效应又名伪药效应、假药效应、代设剂效应。安慰剂效应于 1955 年由毕阙博士提出，在医学实验上指的是在不让病人知情的情况下服用完全没有药效的"假药"，但病人却得到了和真药一样甚至更好的效果。这种似是而非的现象在医学心理学研究中并不鲜见。由此，不少医生在对病人进行治疗时，不得不将这种"安慰剂效应"考虑进去。

例如，美国牙医约翰·杜斯在其行医生涯中就常常遇到这种情况。一些牙痛患者在来到杜斯的诊所后便说："一来这里我的感觉就好多了。"其实他们并未说假话——可能他们觉得马上会有人来处理他们的牙病了，从而情绪便放松了下来；也可能像参加了某种仪式一样，当他们接触到医生的手时，病痛便得以缓解了……实际上，这和安慰剂所起的作用大同小异。

作为全美医疗作假委员会的创始人，杜斯医生对安慰剂研究的兴趣始于其对医疗作假案件的调查。他指出，牙医和其他医生一样，有时用误导或夸大医疗需求的办法来引诱病人买药或接受较费钱的手术。

为了具体说明"安慰剂效应"究竟是怎么回事，他援引了美国医疗协会期刊刊登的有关末梢神经痛的研究成果。将接受试验的人员分为4组：A组服用一种温和的镇痛药；B组服用色泽形状相似的安慰剂；C组接受针灸治疗；而D组接受的是假装的针灸治疗。试验结果显示：4组人员的痛感均得以减轻，4种不同方法的镇痛效果并无明显差异。

这说明，镇痛药和针灸的效果并不见得一定比安慰剂或安慰行为更为奏效。

实际上，人类使用安慰剂的历史已相当悠久。早在抗生素发明以前，医生们便常常给病人服用一些明知无用的粉末，而病人还满以为有了希望。不过最后，在其中某些病例中，病人果真奇迹般地康复了，有的甚至还平安地度过了诸如鼠疫、猩红热等"鬼门关"。安慰剂研究专家罗莎认为，能给病人服用价格低廉且无任何副作用的安慰剂而又能起到疗效，自然是美事一桩。但遗憾的是，在大多数情况下，安慰剂未必能起到真正又持久的疗效，而真正意义上的治疗却被耽搁了。

今天，有关"安慰剂效应"的心理和生理上的原因仍然是一个难解的谜，新的发现还有待进一步深入研究。

患者深信不疑地吃下了药，病情果然减轻不少。殊不知，那个药丸只是淀粉加葡萄糖做成的"假药"。这种称为安慰剂效应的现象在医学实践中十分常见，但人们并不清楚其原理。

意大利科学家则说，他们在一项最新试验中观察到了安慰剂效应对人脑细胞的作用，显示该效应有着生理基础。

安慰剂由没有药效也没有毒副作用的中性物质制造而成，外形与真药十分相像。对于充分信赖医生、渴望获得治疗的患者，将安慰剂冒充成真药使用也可能产生疗效，甚至还会产生某些药物的副作用。因此，每一种新药在投入使用前都要进行对比试验。

研究人员说，安慰剂之所以会产生这样的生理反应，有两种解释。一种是"认识"假设，患者期待药物起作用的心理激发了生理反应。另一种是"条件反射"假设，患者所处的医疗环境引起了生理上的条件反射。

医务人员可以利用安慰剂以激发病人的安慰剂效应。当病人对某种药坚信不疑时，就可增强该药物的治疗效果，提高医疗质量。当某种新药问世，评价其疗效价值时，要把药物的安慰剂效应估计进去。如果某种新药的疗效与安慰剂的疗效经双盲法试用后，相差不大，没有显著的差异时，这种新药的临床使用价值就不大。这也就是为什么一些新药刚刚问世时，人们往往把它们当作灵丹妙药，而经过一段时间的使用后，其热潮消失、身价下降。

使用安慰剂时容易出现相应的心理和生理效应的人，被称为安慰剂反应者。

这种人的人格特点是：好交往、有依赖性、易受暗示、自信心不足、好注意自身的各种生理变化和不适感、有疑病倾向和神经质。安慰剂效应是一种不稳定状态，可以随疾病的性质、病后的心理状态、不适或病感的程度和自我评价，以及医务人员的言行和环境医疗气氛的变化而变化。所以，就出现了安慰剂效应是有时明显，有时不明显，或根本没有的现象。也正由于有些病人有此心理特点，才使江湖医生和巫医术士有了活动的市场，施展其术。

在我们日常生活的其他领域，有时也有类似"安慰剂效应"的事情发生。比如在很多人群情激奋的时候，某些"关键人物"宣布一些类似"安慰剂"的空头许诺，就会使很多人心情平静下来。也有些时候，当群众情绪被压抑到临界点时，某些"权威人物"的一两句"安慰剂"，也就是一些表面上看起来无关紧要的话，很可能引发一场"群众运动"。而这种类似"副作用"的话之所以产生如此重大影响，是因为它也属于安慰剂效应。

安慰剂效应对我们的启迪还有：你内心相信什么，你的人生就会靠近什么。你相信了什么，才能看见什么。你看见了什么，才能拥抱什么。你拥抱了什么，才能成为什么。所以说，你的命运就从你"相信"那一刻开始改变，朝着你相信的方向前进。

特别是当你别无选择的时候，请一定要选择相信，因为相信能给我们力量。

棘轮效应：由奢入俭难

北宋的第八位皇帝赵佶，书画造诣极高，是一位卓越的艺术家。赵佶刚登上皇位，还能勉强恪守宋太祖留下来的节俭家风。但很快，奢华铺张之风就兴起了。诮臣蔡京等见机更是推波助澜，认为皇帝理当在富足繁荣的太平盛世及时享乐，不应效法前朝惜财省费、倡俭戒奢之陋举。赵佶听了，心中很是高兴。

有一次，赵佶生日，大宴群臣，拿出玉盏、玉厄等贵重酒器，说："朕欲用此吃酒，恐人说太奢华。"蔡京是何等聪明之人？忙道："臣当年出使契丹，他们曾持玉盘、玉盏向臣夸耀说南朝无此物。今用之为陛下祝寿，于礼无嫌。"宋徽宗赵佶说："先帝当年欲筑一小台，不过数尺之高，言不可者甚众，朕深觉人言可畏。此酒器虽早已置办，但若是人言四起，朕难以辩白。"蔡京振振有词："事苟当于理，多言不足畏也。陛下当享天下之奉，区区玉器，何足计划！"蔡京还搬出《周礼》中的"惟王不会"，宣称君王的开销，自古以来就不受任何预算、审计的制约。君臣之间，可谓一唱一和。

蔡京的长子蔡攸，没有蔡京那样引经据典的逢迎水平。但在鼓吹享乐哲学方面却是青出于蓝。他经常向宋徽宗宣扬："所谓皇帝，当以四海为家，太平为娱。岁月能几何，岂可徒自劳苦！"赵佶听了，越发骄奢淫逸。

宋徽宗最宠信最重用的将相大臣，也个个都是聚敛私财、挥金如土的高手。宰相蔡京生性好客贪吃，经常大摆宴席，有一次请僚属吃饭，光蟹黄馒头一项就花掉一千三百余贯钱。他家童仆、姬妾成群，仅厨子就上百人，内部分工极细，有不少人专做包子，有些婢女不干别的，专门负责择葱丝。他在首都开封有两处豪宅，谓之东园、西园，西园是强行拆毁数百家民房建成的。有人评论这两处府第是"东园如云，西园如雨"，意思是东园树木葱茏，望之如云，西园迫使百姓流离失所、泪下如雨。蔡京还在杭州凤山脚下建造了更加雄丽的别墅。此外，御史中丞王黼家养的姬妾的数量与质量，几乎可以与宋徽宗的后宫相比。宦官童贯家晚上从不点灯，而是悬挂几十颗夜明珠照明，他有多少家财谁也说不清。

奢华铺张的猛兽一旦出笼，就如洪水一样不可收拾。日益沉重的财政负担，令朝廷不堪负担。其中，赵佶也试图通过适度的节俭来扭转财政危机。但是，等他真正想实施时，却又感觉这也无法削减，那也难以削减。于是，所谓的适度节俭就这样不了了之。

这些奢华的成本，最终落在底层百姓的税赋上。当然，最后也总会反过来再落到奢华者本人身上。不堪朝廷横征暴敛的百姓，在两浙、黄淮等地相继爆发了声势浩大的起义。民众的反抗严重动摇了北宋统治的根基，使北宋政权在金兵来侵时不堪一击，轰然覆亡。

公元 1126 年闰 11 月底，金兵再次南下。同年 12 月 15 日攻破汴京，金帝废赵佶与子赵桓为庶人。靖康二年，公元 1127 年 3 月底，金帝将赵佶与赵桓，连同后妃、宗室、百官数千人，以及教坊乐工、技艺工匠、法驾、仪仗、冠服、礼器、天文仪器、珍宝玩物、皇家藏书、天下州府地图等押送北方，汴京中公私积蓄被掳掠一空，北宋灭亡。因此事发生在靖康年间，史称"靖康之变"。

赵佶被囚禁了 9 年。公元 1135 年 4 月甲子日，赵佶终因不堪精神折磨而死于五国城，金熙宗将他葬于河南广宁（今河南省洛阳市附近）。公元1142年8月乙酉日，宋金根据协议，将赵佶遗骸运回临安（今浙江省杭州市），由宋高宗葬于永佑陵，立庙号为徽宗。

宋徽宗赵佶身处奢华铺张之中，想节俭时感到力不从心。这种现象在经济学中叫棘轮效应，又称制轮作用，是指人的消费习惯形成之后有不可逆性，即易于向上调整，而难于向下调整。尤其是在短期内消费是不可逆的，其习惯效应较大。这种习惯效应，使消费取决于相对收入，即相对于自己过去的高峰收入。消费者易于随收入的提高增加消费，但不易于收入降低而减少消费，以致产生有正截距的短期消费函数。这种特点被称为棘轮效应。

举一个现实生活中常见的例子，当你刚从学校毕业时，一个月收入只有1500元，那时你一个月还能存下三两百元。努力几年之后，你的薪水逐渐涨到了15000元。这时，若要你一个月只花一千二三百元（像当初毕业那样），你还做得到吗？如果加上物价上涨的因素，再在一千二三百元的基础上加几百元，你还是觉得没法生存吧？

问题出在哪里？为什么当年的你用那么少的钱能够生存，现在的你不能了？因为伴随你可支配的钱的增加，你的欲望也在增加，很多本来不属于生活必需品的商品与服务，逐渐成了你的生活必需品。清贫时，有饭吃就可以了，多人合租很正常。有钱了，就不是有饭吃有地方睡那么简单了，各种饭局、车、房、得体的衣服，对于女士来说各种保养的护肤品，这些都会成为必需品，一样也少不得。你可以从自己的商品房搬进新买的别墅，但要你搬进曾经与人合租过的地下室，却很难。

棘轮效应是经济学家杜森贝利提出的。古典经济学家凯恩斯主张消费是可逆的，即绝对收入水平变动必然立即引起消费水平的变化。针对这一观点，杜森贝利认为这实际上是不可能的，因为消费决策不可能是一种理想的计划，它还取决于消费习惯。这种消费习惯受许多因素影响，如生理和社会需要、个人的经历、个人经历的后果等。特别是个人在收入最高期所达到的消费标准对消费习惯的形成有很重要的作用。

实际上，棘轮效应还可以一句古训加以说明：由俭入奢易，由奢入俭难。这句话出自北宋政治家司马光的一封家书。在年龄上，司马光是北宋皇帝赵佶的祖父辈。司马光67岁死时，赵佶才4岁。司马光曾用这句话告诫儿子保持俭朴的家风。赵佶的先祖其实也是家风俭朴，但到他那里断了。

从棘轮效应中，我们应该时时告诫自己：生活尽量保持俭朴，以防自己掉入贪图享受的泥潭而无法自拔。一个人如果被欲望牵着走，很容易迷失自己，误入歧途。

雷帕定理：真正的干劲与报酬无关

要使一个人产生干劲有各种各样的方法。但如果对象是天真无邪的孩子，大人们很可能会给予"给零用钱"或"买玩具"等许诺。

但如果事先说好要给予报酬，是否仍会产生干劲呢？研究报告显示，反而会产生不良的影响。这就是著名的"雷帕定理"。雷帕等人是通过实验确定出雷帕定理的，他们选择的实验对象为幼儿园的儿童，让他们利用各种颜色的水彩笔在图画纸上画画，并且分为以下三个条件组，来观察儿童兴趣的变化情形：

（1）先保证给予带金色封印和彩带的奖状，然后再让他画画。

（2）给予彩色奖状，但是在还没有画完之前不会让他知道。

（3）事先并没有保证要不要给予奖状。

画完之后，在奖状上填入条件（1）与条件（2）的学童姓名和幼儿园名称，贴在布告栏上让大家看，而条件（3）的儿童则什么也不给予。

实验结果，条件（1）的儿童与条件（2）和条件（3）的儿童相比，用水彩笔画画的时间明显减少了。

条件（1）与条件（2）之间产生了显著差别。由此可知，画画的时间差距并不是由于得到奖赏的缘故，而是因为事先保证有奖赏，儿童认识到自己是因为这个理由而画画，因此对于孩子的干劲会造成不良的影响。

因此雷帕等人认为，如果一开始就给感兴趣的孩子丰厚的许诺，反而会造成不良影响，使用这种方法只会降低孩子参与的兴趣。

真正的干劲是来自内在的报酬动机，是人们产生行为的最大要素。动机分为"外在报酬（建立外在动机）"与"内在报酬（建立内在动机）"。

工作就是一个标准的外在报酬例子。"如果你做这个的话，我就给你报酬。"即使不喜欢这份工作，但只要工作就有薪水，因此大家还是会勉强去做。

但如果"我是为了薪水才工作"的心态一直持续下去的话，就会变成"我是被人雇用的"，或是"别人要我做什么，我才做什么"的完全被动态度。因此薪水若降低，或不给薪水的话，这个人就会不想再工作了，或者继续工作也不过勉强去做，并不会达到最佳状态。

因此，千万不要动不动就褒奖。许诺在先，安排工作在后，反复这么做的话，一旦无法得到褒奖或赞美的时候，人们就会失去干劲。

通过雷帕实验也证明这一点，这就是外在报酬的缺点。另外一方面，内在报酬是不期待他人的评价或报酬，因为是自己的兴趣而去做，内心产生充实感，这就是最好的报酬。

不论是学习或工作，只要是自己喜欢的，不必等到他人要求，自己就会主动去做。虽然并非"喜欢而使自己的技巧成熟"，但是真正做得很好的时候，自己也会更感兴趣。如此自然会形成一个良性循环，不断地产生工作干劲。

一般人在工作时很难发现自己的兴趣，但工作中可以发现成就感或充实感等内在报酬，这一点非常重要。

如果是为了出人头地，或为了赚钱等外在报酬而建立的工作动机，那是无法长期持续的，恐怕也很难成功。即使能得到物质享受，但却无法得到人们心目中那种真正的幸福。

因此，若想要真正向一个主动积极参与事物的方向发展，调动个人积极性，就不能单单是外在报酬而必须是内在报酬。

培养人生胜利者的自由教育具体而言，应该怎么样才能产生干劲呢？现在有所谓的自由教育，就是强调培养孩子自主的重要性。以往幼儿园老师会指示学生们"开始画画喽！"或"开始折纸喽！"请您千万不要再这么做，应该试着让孩子的自主性发挥作用。

小学也最好采取开放教学的形式，让孩子们想用功的时候就用功。这种方法当然是不可能立竿见影的，短期内就和普通的小学一样，看不出什么成效。与每天好好上学的孩子相比，这群孩子的成绩可能会比较差，但却培养了他们最重要的"自主性"或"干劲"。

在今后的重要时刻，他们自己能发挥出更自觉的学习动力和干劲，也就是说，在这种自动自发的基础建立之后，在需要用功的时候，这样教育出来的孩子不需要任何人的督促，自己就会利用参考书好好复习，一下子就能赶上成绩好的同学，甚至超越他们。

从小开始培养这种自主精神，不要成为听父母或老师吩咐才去做事的孩子，这样也许反而能进入好的大学，到好的公司上班……而拥有美好的人生。

今后的时代，如果总是按照既定的路线去走，是不能保证成功的。越是严格的时代，就越是需要主动性和自主性。也许年轻时会很辛苦，但这些人最终会成为人生的胜利者。

羊群效应：即使错了也有人陪着

羊群效应也叫从众效应，是指人们经常受到多数人影响，而跟从大众的思想或行为。用我们通俗的话来说，就是喜欢随大流。

为什么叫"羊群"而不是"狼群"或其他什么群呢？这是因为羊群是一种很散乱的组织，平时在一起也是盲目地左冲右撞，可一旦有一只头羊动起来，其他的羊也会不假思索地一哄而上。有人在一群羊前面横放一根木棍，第一只羊跳了过去，第二只、第三只也会跟着跳过去。之后，那人把那根棍子偷偷撤走，后面的羊走到这里，仍然像前面的羊一样，向上跳一下——尽管拦路的棍子已经不在了。

动物如此，人也不见得更高明。在网上有一个叫"电梯心理实验"的视频，实验人员用偷拍的方式，记录了这么几个片段：

片段一：电梯门打开，一个绅士模样的人（对实验不知情）面朝电梯门站着。实验人员男甲和女甲先后进入电梯，背朝电梯门站着。正当绅士感觉到有点奇怪时，实验人员男乙又进来了，他进来后毫不犹豫地背朝电梯门站着。面对电梯门方向站着的绅士，摸摸鼻子，摸摸额头，眼睛滴溜溜地转了几下之后，终于做出决定：背朝电梯门站着。

片段二：同样的方式，三个实验人员的一致行动，令一个中年白领男也转过了身子，背朝电梯门站着。

片段三：实验人员增加到三男一女，这时，这四人不仅可以通过一致行动让不知情的男青年一会儿背朝电梯门，一会儿面向电梯侧面。更神奇的是，三个男性实验人员一会儿取下礼帽，一会儿戴上，不知情的男青年也跟着将自己头上的礼帽取下，戴上。

我们都知道，坐电梯一般都习惯面对电梯口。这个根深蒂固的习惯，在三个人面前那么不堪一击。而当影响者增加到四个，被影响者戴帽子的行为也变得不由自主了。

一位石油大亨到天堂去参加会议，进会议室发现已经座无虚席，没有地方落座。他灵机一动，喊了一声："地狱里发现石油啦！"这一喊不要紧，天堂里的石油大亨们纷纷向地狱跑去。很快，天堂里就只剩下那位后来的了。这时，这位大亨心想，大家都跑了过去，莫非地狱里真的发现石油了？于是，他也急匆匆地向地狱跑去。

以上是一则笑话，笑话中蕴含了深刻的道理。石油大亨原本就心知肚明的假话，在大势面前居然也失去了自己的清醒。大多数人都觉得随大流是一种稳妥的路子，认为那么多人的判断应该不会错，即使走错了也有很多人陪着，这就是羊群效应的心理基础。

职场上的"羊群行为"比比皆是。2008 年金融危机中，金融业遭遇滑铁卢，成为裁员"重灾区"，就职金融业风光不再。2011 年，市场终于彻底摆脱了危机的影响，金融、IT、电子商务等行业又恢复了生机，大学毕业生们转而又一窝蜂奔着这些行当而去；"公务员热"已成中国社会一大现象，每年百万大军蜂拥而至，创造了千分之一录取率的奇迹……这些人从来没有想过自己的兴趣与特长在哪里，只是盲目地随大流。我们应该去寻找真正属于自己的事业，而不是所谓的"热门"工作。"热门"的职业不一定属于我们，如果个性与工作不合，努力反而会导致更快的失败。

世界上没有两片完全相同的树叶，当然也没有两个人的生活、爱好是完全相同的。谁都需要有自己的生活。无论你是干什么的，是看大门、搞收发、还是做中层管理工作，不论职位高与低、轻与重，你成功的关键就是找准自己的位置，所言所行与自己的位置相符相宜，并且让你的领导知道你、认可你。

此外，生活中的羊群效应也是数不胜数。街头巷尾只要有一圈人围观，马上就会有两圈三圈人——管他们在围观什么。如果你做一个类似于电梯心理的实验，找一群人围观一棵平常的树或其他事物，保管围观人数剧增。就是那些地摊骗子，也懂得利用羊群效应，一个农民打扮的人在卖"刚挖出来"的假古董，也晓得找一些同伙假装围观、讨价还价。那些利用扑克牌、象棋或绳索小魔术的骗子，围观参与的多半都是同伙。这些假装的"羊群"，在引诱那些不知情的羊入局。

创业也是如此，看到一个公司做什么生意赚钱了，所有的企业都蜂拥而至，上马这个行当，直到行业供应大大增长，生产能力饱和，供求关系失调。近期的光伏产业、造船业、风电业，都是如此，一哄而上之后，一片狼藉。

保龄球效应：积极鼓励胜过消极鼓励

两名保龄球教练分别训练各自的队员。他们的队员都是一球打倒了 7 只瓶。教练甲对自己的队员说："很好！打倒了 7 只。"他的队员听了教练的赞扬很受鼓舞，心想：下次一定再加把劲，把剩下的 3 只也打倒。

教练乙则对他的队员说："怎么搞的！还有 3 只没打倒。"队员听了教练的指责，心里很不服气，暗想：你咋就看不见我已经打倒的那 7 只。

结果，教练甲训练的队员成绩不断上升，教练乙训练的队员打得一次不如一次。

积极鼓励往往会带来积极的效果，消极鼓励往往会带来消极的效果——这被称为"保龄球"效应。

获得他人的承认与肯定，是人性深处最本质的渴望。在戴尔·卡耐基的《人性的弱点》一书中有这样一段话：美国钢铁大王安德鲁·卡内基选拔的第一任总裁查尔斯·史考伯说，"我那能够使员工鼓舞起来的能力，是我所拥有的最大资产。而使一个人发挥最大能力的方法，是赞赏和鼓励。"再也没有比上司的批评更能抹杀一个人的雄心。我赞成鼓励别人工作。因此我急于称赞，而讨厌挑错。如果我喜欢什么的话，就是我诚于嘉许，宽于称道。但一般人怎么做呢？正好相反。如果他不喜欢什么事，他就一心挑错；如果他喜欢的话，他就是什么也不说。他的员工会说："第一次我做错了，马上就能听到指责的声音，第二次我做对了，绝对听不到夸奖。"

史考伯说："我在世界各地见到许多大人物，还没有发现任何人——不论他多么伟大，地位多么崇高——不是在被赞许的情况下比在被批评的情况下工作成绩更佳、更卖力气的。"

而安德鲁·卡内基甚至可能在他的墓碑上也不会忘记称赞他的员工，据说他为自己撰写的碑文是："这里安葬着一个人，他最擅长把那些强过自己的人组织到为他服务的管理机构之中。"

心理学家研究证明，积极鼓励和消极鼓励（主要指制裁）之间具有不对称性。受过处罚的人不会简单地减少做坏事的心思，充其量，不过是学会了如何逃避处罚而已。我们常常听到这样的议论："干得越多，错误越多。"潜台词就是：为了避免错误，最好的办法是"避免"工作。这就是管理者不当的批评、处罚等"消极鼓励"的后果。

而"积极鼓励"则是一项发掘员工潜在的工作积极性的管理艺术。受到积极鼓励的行为会逐渐占去越来越多的时间和精力，这会导致一种自然的演变过程，员工身上的一个闪光点会放大成为耀眼的光辉，同时还会"挤掉"不良行为。

要想学会真诚的赞赏，首先就要学会从员工身上发现闪光点，特别是在面对某种失败的情况下，更要善于找到积极的因素来进行鼓励。用好赞赏的技巧，关键是要把"注意力"集中到"被球击倒的那7只瓶"上，别老忘不了没击倒的那3只。

要相信任何人或多或少都有长处、优点，只要"诚于嘉许，宽于称道"，就会看到神奇的效力。

黑暗效应：月朦胧、鸟朦胧、人朦胧

黑暗效应指的是：在光线比较暗的场所，约会双方彼此看不清对方表情，就很容易减少戒备感而产生安全感。在这种情况下，彼此产生亲近的可能性就会远远高于光线比较亮的场所。这可以解释为什么酒吧、舞厅等场所总是灯光昏暗。

另外，相对来说，黑夜能够给人一定的伪装空间。在白天的时候，人们往往很注意自己的行为举止，无论面对任何人，总会把自己伪装起来，因为人是群体性、社会性的，在心理学中，这也是一种保护机制。黑夜的时候，人们的感知降到很低，就意味着更加安全，同时，黑夜的空间也让人有了一层伪装的空间，这时候能够展示自己的另一面，同时也不用担心如同白天一般在意行为细节而导致产生的距离感。另一方面，黑夜中，双方交谈所给予的由于地位、身份等所产生的压迫感也会降到最低，能够更加愉快地交流。

加拿大多伦多大学和美国西北大学科学家将参试者随机分为两组，一组置身于灯光较强的房间，另一组置身于灯光较暗的房间。第一项试验中，参试者观看一段假想广告片，主人公因为上班迟到而可能具有攻击性的行为。结果发现，认为广告片主人公具有攻击性的参与者，大多来自光线较强的房间中。第二项试验中，研究人员让另外两组参试者对一组词汇所表达的情绪感觉进行分类，如积极词、消极词和中立词等。结果发现，灯光较强房间里的参试者认为"鲜花"和"微笑"等词汇更积极，"牙医"和"医学"等词汇更消极。两组参试者对中立词汇的评价没有区别。

　　研究人员认为，两组参试者对情感表达的差异，与灯光下人们对热量的感知增强有关。心理学家认为，灯光太亮更容易让当事双方察觉并放大对方的"攻击性"，同时也会增强人们对情绪化言辞的敏感性。在光线比较暗的场所，双方彼此看不太清对方的表情，戒备更少，彼此产生亲近的可能性会远远高于光线比较亮的场所。

　　光线会影响人的情绪和行为。英国《每日邮报》报道，美国《消费心理学杂志》刊登一项新研究发现，人的情感反应在较强灯光下更激烈，在光线较暗环境中，人更温和。如果夫妻交谈前调暗灯光，那么吵架概率就会大大降低。

　　在正常情况下，一般的人都能根据对方和外界条件来决定自己应该掏出多少心里话，特别是对还不十分了解但又愿意继续交往的人，既有一种戒备感，又会自然而然地把自己好的方面尽量展示出来，把自己的弱点和缺点尽量隐藏起来。因此，这时双方就相对难以沟通。而黑暗登场，对方感官失效后，自己便没了危险，不需要伪装，表情不需要安排，自然而然地自我流露；而自己的感官失效后，人就会变得脆弱而敏感，倾向于在黑暗中抓住同伴的安全感，这种吸附性非常强。

　　所以，下次你约会异性时，不妨选择光线暗一点的地方。

加根定律：送礼贵在不露痕迹

过去，不管谁得到礼物都很高兴，而同时对于送自己礼物的人也大都会产生好感。就像男性为了讨女性的欢心，通常都会送对方礼物。

但接受对方送礼，有时会使自己有种沉重的欠债感。尤其是对那些不喜欢的人送自己昂贵的礼物，因为无法配合对方的好感，最后只能不接受或干脆将礼物退回。

但近几年来，有些女性的心态有了很大的转变。认为即使没好感，但接受他礼物也无妨的女性增加了不少。女性会根据"这个人适合做丈夫""这个人适合做男朋友"的感觉，因时因地选择适合自己的男性，这时礼物就无法发挥效果了。

按照送礼引起受礼者心中的义务程度，就可以预测出对赠送礼物者的好感度。义务越大的话，对接受者的魅力就会减少。虽然可以收下礼物，但必须要回送给对方同等价值的礼物。想到此处，不但不会觉得高兴，反而会心情沉重。虽然不是义务，但是可能会产生一种情绪的负面反应。例如，免费供应会破坏馈赠者与接受者双方关系的平衡。

接受者认为必须要回赠对方，但又办不到，无法解决这个问题而会持续紧张。

如果送礼的人说："这只是一点小心意，不是什么贵重礼品！"

就算没有义务要回送给对方，但对赠送礼物的人也会产生疑惑感。研究显示，这种无偿的援助或礼物会使人心想："小心有诈！"

互赠礼物或互惠的交换会使人感到压力。从别人那儿得到东西，就必须要回报同等之物，不论在精神或物质上，如果没有这层借贷的关系，应该可以使人际关系更顺畅。

此外，受礼者努力援助的程度如何，也能反映出对赠送者的好感和魅力度。加根等人想用实验证明以上关于赠送礼物的反应。为了解答赠送行为的一般倾向，因此选择了资本主义盛行的美国、崇尚社会主义的瑞典以及具有强烈恩义传统的日本三个国家为实验对象。

因国情的不同，得到赠礼时的反应也不同。实验由各国各自挑出 60 人，总计 180 名大学男生（18—23 岁）。6 人为一组，给每人40 张兑换券（相当于 4 美元）玩游戏，并告诉他们在游戏结束之后，可以凭所持兑换券换取等值的现金。

游戏过程中，必要时可通过实验者与其他人员互相沟通，但是不能直接和对方交谈，然后开始游戏。

当然因为是实验，所以游戏也是被操控的。在进行几次游戏以后，大家所剩的兑换券都只有 12 张了，所以每个人都认为自己的成绩最差。这时参加者会面临完全输光兑换券的情况，如果没有兑换券就必须退出比赛。这时他会收到一封信，里面放了 10 张兑换券和一张便条纸。这是实验者故意设计的，让其认为这是来自其他 5 人中的任一人的赠礼。

在便条纸上则写下下列三项中的任一条件：

（1）我不需要了，所以你不必送还给我（低义务条件）。

（2）请使用这些兑换券。如果比赛获胜，有多余的兑换券，再还给我就好了（同一义务条件）。

（3）提供你的兑换券，请加上利息再还给我（高义务条件）。

便条纸上写着赠送者的座位编号，以及所持有的兑换券张数（可能是 6 张或 2 张），被赠送者借此可以知道赠送者为高资产者或低资产者。

实验结果，义务条件与赠送者的魅力度之间的关系具有一定的曲线关系。美国人和日本人对同一义务条件的赠送者最能感受到魅力，而瑞典人则对高义务条件的赠送者感受到最大的魅力。

在赠送者的资产条件方面，三个国家都是对低资产条件的赠送者较感到魅力。其中日本学生对资产条件的不同相当敏感，随着资产条件的升高，魅力度也会减少。

也就是说，大家都希望赠送者与自己之间能维持均衡关系，因此对于同一义务条件最能感受到魅力。

在此值得怀疑的是免费的赠礼。以单纯想法来思考的话，既然不需要归还，应该相当感激才对，但一般人却对此具有否定的看法。

这就是先前已经叙述过的，得到对方赠礼时会形成一种借贷关系，这种精神紧张很难消失，同时会对赠送者的意图感到怀疑，担心对方可能有什么诡计，抱着警戒之心，才会产生这样的表现。

日本人与美国人对赠礼的看法相当极端，这是因为日本自古以来送礼的文化相当发达，得到东西时经常要回赠同样程度的礼物，而且价值绝对不要超过或低于所得到的东西，要保持微妙的平衡。

赠礼除了能确认亲密度之外，想要维持亲密关系，还必须回赠相同价值的礼物。如果没有回礼或送了较差的东西，就表示想要放弃这种亲密关系。

美国虽然不像日本这么极端，但也是属于山形的。也就是说，美国人对赠礼的想法其实与日本人是非常相似的，所以日本人和美国人比较容易相处。

高义务条件（借得的东西必须加上利息偿还）最让瑞典人感到舒适，这实在令人费解。到底是由单纯的文化或社会制度所造成的，还是有别的理由呢？也许颇具有研究的价值。男女关系中，如果希望这个人喜欢你，而想要送礼物给对方时，很多人都会倾向送比较昂贵的东西，可能是认为越昂贵的礼物越能传达赠送者的心情吧！

但如同先前所述，事实上并非如此。送礼最重要的是要让对方感觉："这个东西收下也无妨！"对方能接受，再循序渐进地送昂贵礼品较好。

但如果对方特别钟情于贵重礼物的话，那就不包括在先前讨论的范围内了。

为什么人们不喜欢无偿援助呢？

先前介绍过，无偿援助会让人担心可能有诈。这个实验也证明这类行动容易被视为贿赂，而遭到拒绝。但如果不是贿赂，而是属于正常的相互往来关系，也就是授受关系成立时，就算得到赠礼也不会产生抵抗感。

贿赂原本是指得到对方的金钱或物品时，利用自己的立场或权力，使送礼者得到某些方便，或提供特别的利益等。但若无法证实这种因果关系的话，那么贿赂就只是单纯的赠礼而已！

为了避免赠礼表现得太露骨，因此常以演讲费或稿费等名义来代替。如此一来更能合理化，而且也能够消除抵抗感。当然赠送者有事情拜托时，接受者也会了解这一点。也许在某种程度下或隔段时间后，会以另一种形式接受对方的赠礼也说不定。

　　此外，接受者和赠礼者的关系如果不够亲密的话，将会使接受者有一种卑屈感。例如，对方给你钱又不要你归还，接受金钱的人往往会产生一种卑屈的感觉。实验显示，一般人普遍不喜欢接受高资产者的援助。

第二章

点亮智慧，成就人生

一句智慧的话，一条睿智的定津，注注能给听者一种醍醐灌顶、豁然开朗的感觉。

本章所选取的经济学、心理学效应与定津，每一条都发人深省。相信读者在领悟之后，在今后的人生中能有更好的运用。

布里丹效应：谨防在选择中迷失自我

丹麦哲学家布里丹讲过这样一则寓言：有头小驴，在干枯的荒原上好不容易找到了两堆草，由于拿不准先吃哪一堆好，结果在无限的选择和徘徊中饿死了。后来人们就把决策过程中类似这种犹豫不定、迟疑不决的现象称之为"布里丹效应"。

那头布里丹之驴的不幸就在于它无法在两堆干草之间进行理性的抉择。简而言之，这头驴是非常"无头脑的"，因而无法采取行动。人在某些时候并不比驴聪明。

很多年轻人都因为面临多种选择却又难于选择而心烦意乱。一位毕业不久的大专生，分配到一家好单位，他觉得自己的文凭太低，想去考研，又怕读完研究生之后再也找不到这样的好工作。

一位 28 岁的女孩，恋爱已经 5 年，她想结婚可男友至今还没有住房，她想分手却又舍不得这份经受了时间考验的感情。

有同事给 34 岁的明浩介绍了一位女朋友。经过接触，明浩发现了她的聪明和善良，可心里又总觉得她长相不好看，所以进退两难……

一个人拥有较优越的现实条件，就意味着他拥有了更为广阔的选择空间，而可供选择的目标越多，那么在他做出决策之前，其内心的矛盾冲突也就越多。

再比如择业，只有小学文化并且没有什么专业技术的人可选择的机会不多，因而只要找到一份工作，他就会很乐意地去做；而受过高等教育的工程技术人员可以从事的职业很多（包括简单的体力劳动），每一份工作都能满足他的某些需求，究竟去干什么工作，他的心里不可能没有困惑。

无论何种冲突，其实质都是要在几种可供选择的方案中做出唯一的选择。在选择之前，我们的大脑一直会对方案进行反复的比较鉴定，这种高负荷的工作总是伴随着紧张、焦虑、烦躁、不安等负面情绪，特别是当我们面临人生的重大选择时，这样的情绪会更强烈、更深刻、更持久。每个人都无法长期忍受这种状态，因此总是希望尽早做出选择。一旦做出了选择，这种烦躁不安的情绪也就随之结束。

选择意味着放弃那些不合理的方案，同时，选择还意味着必须接受这一选择将要带来的一切结果，这就是我们平常所说的"对自己的选择负责"。那些长时间处于冲突状态以至出现心理障碍的人，往往具有这样的个性特征：过度完美化。

过度追求完美，就不愿放弃那些相对不重要的目标，因而迟迟不能做出选择，并进而错失时机。而那些依赖性较强的人，因为不敢承担责任，害怕面对可能到来的不良后果，所以不能独立地做出选择，最终因长时间承受负面情绪的压力而加重自卑感。

以下是几点关于选择的原则性建议：

（1）放弃幻想，从现实入手。完美化的幻想会让人产生不切实际的愿望："如果……""要是……"为了等待这些虚幻的假设，我们就会长时间地陷入内心冲突之中，并因此失去原有的自信。其实，我们面前的目标，现在都不可能是"最好的"，都需要我们做出努力之后才有可能变成"最好的"。所以，面对现实，付诸行动才是最重要的。

（2）推迟决策，从小处着手。有些心理冲突是因为过早地要做出"最终决定"，可自己掌握的信息不多，一时难于做出选择。比如24岁的他，与对方接触不久，就希望得出明确的结论：要不要跟她谈朋友？由于了解不多，此时做出的选择难免不成熟。倘若进一步了解，就可以对她有新的认识——也许不再觉得她"不好看"，也许不再觉得她"聪明和善良"——那时候再做选择就不会困难。

（3）切断退路，让自己别无选择。带来心理冲突的每一个目标（包括双趋冲突中的目标）对于我们都各有利弊，因此，任何选择都有其合理的一面，我们往往无法精确衡量得失之间的大与小。与其花太多的精力去做细致的比较，不如随机选取其一，专心致志地为之努力，这往往会使我们获得更丰厚的回报。

有人曾经打过一个比喻："把一对夫妇安置到人迹罕至的大森林里去生活，想必他们不会有离婚的念头，因为别无选择，他们将致力于巩固彼此的关系。"事实上，无论在人生的哪一个领域，别无选择都会是最好的选择——它能使我们集中个人有限的精力，去走好自己的路。

亲近效应：美貌也是说服力

被称作是"有人缘""有能力""有实力"的女性，她们的共同点是什么呢？

——高"颜值"。

古希腊的哲学家阿里斯托克里斯曾经这么说过："美人比任何推荐信都有说服力。"

漂亮的女性能够吸引人的心，如果被她所游说，无论是男性还是女性，都会不可思议地接受——漂亮的容貌会产生说服力。

以前，美国的心理学家曾经做过一个有趣的实验。让男学生看许多女性的照片，在要求"请从其中选出自己认为具有好感的女性"时，几乎所有的学生都选择了"美人"。

当然，对女性而言，"漂亮"是成功不可或缺的一个因素。其他的美国心理学家也曾做过实验，准备四张谁见了都会喜欢的漂亮女性的照片和四张谁见了都不会有好感的女性的照片，并让男学生看。结果，几乎所有的学生都做出了相同的答案，"这是美人""这个不是"。

接着，把美人的发型和服装都变得非常寒碜，相反，对不漂亮女性的发型、妆容以及服装都精心打扮一番。然后，让"美人"以阴冷的表情而让不漂亮的女性以开朗、微笑的表情进行了摄影。

再次让男学生看新的照片时，所有的学生都回答，对最初那些不是美人的女性"感觉比较好",而对"美人"却"无法产生好感"。

也就是说,女性的容貌是随着发型、化妆、服饰以及表情而发生改变的。一般被称为"漂亮"的人,大多具有以下的特征:

(1)开朗。

(2)微笑。

(3)化妆和服装凸显自己的优点。

(4)姿态优雅。

(5)谈吐得当。

(6)善于倾听。

问题的关键不是相貌,而在于是否掌握了最大限度地灵活运用自己优点的技巧。

即使相貌非常端正,如果怨天尤人、愤愤不平,这种女性的容貌是不会有魅力的。特别是那些经常发牢骚和说别人坏话的人,周围的人都会觉得,"和她在一起就会感到有压力",从而不和她交往。

人类的习惯是"无意识地模仿对方的表情"。如果你的表情不愉快,对方的表情也会变得不愉快;如果你是满脸笑容,对方也就会笑嘻嘻地和你交谈。

如果你"虽然也算得上是个美人,但是在工作单位却没有人缘儿",那么,你需要调整一下心态。容貌和外在的美丽马上就会被习惯,而失去吸引力。即使是"世界第一美人",如果每天都和她在一起,随着时间的流逝,也会失去吸引力。

心理学家把这种现象称为"变化曲线",即使是最初被强烈吸引的形象,随着时光的流逝,印象也会急剧淡漠,最终变得毫无兴趣。

相反,即使最初的形象非常淡漠,随着印象的逐渐加深,最终就会产生一种亲近感，这种现象被称为"亲近效应"。

如果是不仅容貌美而且心灵也美的女性，亲近效应就会直线上升。但是，在仅仅是容貌美而心灵却不美的情况下，别人就会觉得你的人品太差，而且这种厌恶的程度可能超过对"普通人"的水平。

和美人及心怀好感的人交往，如果被欺骗，或是看到了她太过任性的一面，之前的好感就会急剧转变成厌恶，从而对她抱有一种深深的厌恶感。

因为在我们的心中有这样的坚定信念，"美人就等于性格也不错"，所以，即使仅仅发现了一点儿不相称的地方，这种信念也会完全崩溃，从而产生一种强烈的厌恶感。

所以第一印象给人留下"美人"的感觉，对本人而言，不一定是件百分之百的好事。我们在生活中也经常觉得某位令人惊艳的女士，随着交往的增加，逐渐觉得其不过如此。这是因为她没有注重性格、心灵的修养。

沉没成本：多少人被"不甘心"引入歧途

大卫王是古代犹太以色列国王（约公元前 1000—960 年在位），这个伟大的国王十分迷恋美女。一天，他从王宫的平台上看见容貌甚美的妇人，顿时心摇神旌。大卫王急忙打听出她是谁之后，随即差人将她接进宫中。

这个美貌妇人叫拔示巴，是大卫王手下将领乌利亚的妻子。和部下之妻拔示巴风流过后不久，拔示巴告诉大卫王自己怀上了他的孩子。大卫王便将拔示巴的丈夫乌利亚派去前线，并写信给前线的元帅，要求他把乌利亚安排在阵势最险恶的地方，希望借敌人的手将其杀死。这样，大卫王就可以得到拔示巴以及拔示巴腹中的孩子。

大卫王的计谋得逞了，乌利亚如他所愿战死在前线。大卫王光明正大地将拔示巴迎娶进宫，成为他众多女人当中最为宠幸的人。然而大卫王借刀杀人、霸占人妻的阴险行为终于激怒了天神，天神耶和华让他和拔示巴产下的孩子得了重病。

大卫王为这孩子的病恳求神的宽恕。他开始禁食，把自己关在内室里，白天黑夜都躺在地上。他家中的老臣来到他的身旁，要把他从地上扶起来，他却怎么也不肯起来，也不肯吃饭。

大卫王希望用这种方法，求得天神的原谅，降福于他的孩子。

然而，在大卫王的"苦肉计"进行到第七天时，患病的孩子终于死去了。大卫王的臣仆都不敢告诉他孩子的死讯。他们想：孩子还活着的时候，我们劝他，他都不肯听我们的话，如果现在告诉他孩子死了，他怎么能不更加伤心呢？

大卫王见臣仆们彼此低声说话、神色戚戚的样子，就知道孩子死了。于是他问臣仆们："孩子死了吗？"

臣仆们不敢撒谎，只得如实回答："死了。"

大卫王听了孩子的死讯，就从地上起来，沐浴后抹上香膏，又换了衣服，走进耶和华的宫殿敬拜。然后，他回宫，吩咐人摆上饭菜，大口大口地吃了起来。

臣仆们疑惑地问："大卫王啊！您这样做是什么意思呢？孩子活着的时候，您不吃不喝，哭泣不止，现在孩子死了，您倒反而起来又吃又喝。"

大卫王说："孩子还活着的时候，我不吃不喝，哭泣不已，是因为我想到也许天神耶和华会怜恤我，说不定还有希望不让我的孩子死去；如今孩子都死了，怎么也无法复活了，我又何必继续禁食、哭泣来折磨自己呢？我怎么做都不能使死去的孩子复活了！"

大卫王真不愧是一代伟人，其科学理性的经济学思维让现在的很多人都自叹不如。在经济学中，有个"沉没成本"（或称沉淀成本、既定成本）的概念，代指已经付出且不可收回的成本。沉没成本常用来和可变成本做比较，可变成本可以被改变，而沉没成本则不能被改变。在微观经济学理论中，做决策时仅需要考虑可变成本。如果同时考虑到沉没成本，那结论就不是纯粹基于事物的价值做出的。

举例来说，如果你预订了一张电影票，已经付了票款且不能退票。此时你付的钞票已经属于沉没成本。在看电影的过程中，你发现电影超级难看。这时，你有两个选择：强忍着看完；退场去做别的事情。你会选择哪种呢？

如果你选择退场，恭喜你，你有经济学家的潜力。如果你选择强忍着看完，很不幸，你跌进了所谓的"沉没成本谬误"的陷阱。经济学家们会称这些人的行为"不理智"，因为无论你看还是不看，票钱都沉进太平洋的海底了。不看，还可以用这些时间做点别的事。看，花钱买罪受，双重损失。

生活中，陷入"沉没成本谬误"陷阱的人并不少。有个男孩子，最终选择了和女友甲结婚。他的理由是：和甲谈恋爱时花了很多钱。而为什么没有选择乙，并不是因为乙不够好。他和甲相恋三年，花了几万元钱。两人的性格也不是很合得来，吵吵闹闹，分分合合的。大约一年前，因为和甲大吵一架，他去外地打工，认识了乙。和乙相处的大半年里，两人的关系非常好，两人 AA 制，乙几乎一分钱也没有用他的。但最终，他选择了与甲结婚。似乎只有选择甲，那几万元钱才没有被浪费。

类似的"沉没成本谬误"还有很多——我付出了那么多，我不甘心就这样结束。感情如此，工作亦然。费尽了努力进入一家企业，发现原来并不是自己想要的单位。辞职？不，这份工作来之不易。

下次，如果你妻子拿着几张票，纠结地问你："老公，我买了两张电影票，想明晚和你去看电影，但没想到单位发了两张杂技表演票，也是明晚的，我该怎么办呢？"

这时，你应当想起"沉没成本"这个经济学术语，问她："你喜欢看电影还是杂技呢？"如果妻子的回答是"杂技"，你就可以将她的电影票撕了（不撕送人也可以）。你妻子可能会埋怨你："一百元一张呢。好心疼啊。"是的，一百元一张，但那是沉没成本，沉没在海底的深处。

　　"沉没成本"是一个过去式。作为理性的经济人，在做决策时不会被沉没成本所左右。不计沉没成本也反映了一种向前看的心态。就像英国谚语里所说的：随手关上你身后的门。人要懂得放下与舍得。对于整个人生历程来说，我们以前走的弯路、做的错事、受的挫折，何尝不是一种沉没成本。过去的就让它过去，总想着那些已经无法改变的事情只能是自我折磨。

　　不妨拥有一颗"输得起"的决心，毕竟过去的失误也好、荣誉也好，都已经随着时间"沉没"了，而今就只有现在和未来，机会等待把握，价值等待体现。面对那些无法改变、无法挽回、无法追溯的"失去"，要在心理上真正放手，轻装上阵，才能走得更远。

霍布森选择：怎么选都是错的

有个叫霍布森的英国商人，他专门从事马匹生意。他说，你们买我的马、租我的马，随你的便，价格都比别人便宜。

霍布森说的是实话，他的马的价格总是会比市场行情低。他的马圈很大，马匹也很多，看上去可供选择的余地很大。霍布森只允许人们在马圈的出口处选，但出口的门比较小，高头大马出不去，能出来的都是瘦马、赖马、小马。来买马的人左挑右选，不是瘦小的，就是赖的。大家挑来挑去，自以为完成了满意的选择，最后的结果却总是一个低级的决策结果。

霍布森选择其实只是小选择、假选择、形式主义的选择。人们自以为做了选择，而实际上思维和选择的空间是很小的。商场上，霍布森选择的陷阱比比皆是。

老张夫妇和儿子多年来共同经营一家米粉店，生意不好不坏，平均一天五六百的流水。他们没有雇服务员，因此除去房租什么的，三个人每个月加起来能赚个万儿八千的。有段时间里，老张的老伴因为不小心摔坏了胳膊，不能来店里帮忙，于是就让儿子小张将未婚妻小敏叫来帮几天忙。小敏在米粉店当服务员才几天，老张就发现一个奇怪的现象：店里吃粉的人加鸡蛋的多了，每天的营业额比以前多了百八十块。开始老张以为只是巧合，但小敏在店里帮忙的一个月都是这样。

一个月后，老张的老伴康复回店，小敏就不再在店里帮忙了。奇怪的是，小敏走后，点鸡蛋的顾客明显减少了，营业额又恢复到以前。老张很疑惑，就专门找了一个借口，叫小敏回来再帮一天忙。然后，他观察小敏到底是如何做的。

原来，小敏在顾客落座点了米粉后，总会问一句："加一个鸡蛋还是两个？"而老张的老伴问的是："加不加鸡蛋？"

同样是问一个关于加鸡蛋的问题，听到小敏问话的顾客，多数选择的是加几个鸡蛋的问题（当然也有少数会说不要鸡蛋），而听到老张的老伴问话的顾客，选择的是加不加鸡蛋的问题。选择的内容不同，答案自然也不同。通过不同的选择提供，小敏不知不觉地多卖了鸡蛋，增加了销售额。

小敏给顾客的选择，其实就是经济学里的霍布森选择——尽管她自己可能不知道有这一说。很多时候，商家给的所谓自由选择，其实并不自由。有时候，是外界为你设下了很多"小门"，但更多时候是自己在思维里设置的"小门"。例如你去办理移动通信套餐，这个方案那个方案，其实都是公司精心设计的把戏。

商海沉浮，除了要尽量识破对方给予的霍布森选择之外，自己在做决策时也要谨防掉进自设的霍布森选择陷阱。

有一家日本的牙膏厂，为了提升销售量不惜重金内部征求点子，其方法从打折促销到广告攻势，一轮实施下来都没有取得多大效果。最后，一个职员的建议一下子就提升了20%的销售量。他的点子很简单，将牙膏的管口增大20%。人们在用牙膏时，根据以往的手感挤牙膏，无意中就多挤了20%。毫无疑问，这就增加了该款牙膏的使用率。当然，这个办法似乎也有隐患，那就是使用者可能会觉得这款牙膏不经用，而选用别的牌子的牙膏。但事实是，对于牙膏这类小商品，有几个消费者会注意到这个细节呢？因此，顾客还是那些顾客，无形之中消费量就增加了。

可见，要想跳出霍布森选择的陷阱，需要努力拓宽视野，让选择进入"多方案选择"的良性状态。这要求我们头脑中应当有"来自自我"和"来自他人"的不同意见。就"来自自我"这个角度而言，就是要充分思索的意思。选择，就是充分思索，让各方面的问题暴露出来，从而把思想过程中那些不必要的部分丢弃，这好比对浮雕进行修凿。在这个过程中，如果理智在开始时就过分仔细地检验刚刚产生的念头，显然会让选择逐步缩小。

那些成功人士都有一个共同特征，他们在确定某项选择、做出某种决策时，总是尽可能地在与他人交往过程中，激发反对意见，从而从每一个角度去弄清楚确定选择、实施决策到底应该是怎样的，也就是激发并思考来自他人的不同意见。

价格歧视：同样的商品不同的价格

同样一件商品（或服务），不同的人，或不同的时间去购买，价格存在一定的差异。这样的差异，小则 1% 甚至更小，多则 100% 甚至更多。例如你有超市会员卡，某些商品可以享受会员优惠价。例如买机票，提前一周买和提前一天买，价格相差不少。

商品或服务的提供者在向不同的接受者提供相同等级、相同质量的商品或服务时，在接受者之间实行不同的销售价格或收费标准，这种行为在经济学中叫价格歧视。价格歧视并非贬义词，只是企业通过差别定价来获取超额利润的一种商业策略。

常去肯德基的人都知道，肯德基有各种形式的优惠券。有的是吃完给一张或几张，针对特定的食品或特定的时限内消费优惠。顾客甚至可以登录肯德基的官方网站，下载打印优惠券。事实上，不仅仅是肯德基，许多中式餐厅，如麻辣诱惑，也有类似的优惠券。

发放优惠券的目的之一是吸引更多的顾客，扩大销售量。但如果只是这样的目的，为什么不直接降价呢？

其实，肯德基想借此进行价格歧视——把顾客分开。很明显，经常使用优惠券的顾客，相对来说价格敏感度较高。因为无论是哪种方式使用优惠券，都有一定的麻烦。就算从店铺的服务员手里接过，也需要保存好，并且下次来还要记得带。而上网下载，需要花时间与精力。那些价格敏感度低的顾客，即使是送到手的优惠券，十有八九也随手放在哪里，忘了下次使用（相信这样的消费者很多）。另外，优惠券能够购买的通常是某种指定的商品组合，而不是随意购买。也就是说，使用优惠券的顾客，是要付出代价——不能随意挑选商品的代价。这也是一种成本。

通过上述种种方式，肯德基成功地将顾客中的价格敏感度高、低的人分开。然后，对于价格敏感度低——不持有优惠券的顾客，肯德基提供给他们的商品就比较贵（没有优惠），而对于价格敏感度高——持有优惠券的顾客，肯德基给他们打折。时间、地点、商品相同，但价格不同，这就是典型的价格歧视。通过价格歧视，肯德基从顾客那里赚取了更多的消费者剩余，增加了利润。

美国的航空公司将价格歧视做得更明显。正常情况下，航空公司之间剧烈的价格战导致提前一周订往返票的折扣是三折左右。但航空公司并不愿意让那些出差的公务人士也享受到这个优惠（公务人士对机票价格相对不敏感），怎么办呢？他们在购买往返优惠票时会设定一些条件，例如规定如果在两周以前订票，必须在目的地度过一个甚至两个周末，一周前订票要在目的地过一个周末，等等。公务人士出差在外，很少有在外地过周末的，时间不允许，经济上也划不来。航空公司这一招，使得这些"优质顾客"无法取得优惠，从而赚取了更多的利润。

通常来说，价格歧视有三种形式：一级价格歧视、二级价格歧视和三级价格歧视。

一级价格歧视：当卖方处于绝对垄断且信息灵通的情况下，卖方可以对每一单位商品都收取买方愿意支付的最高价格，将消费者剩余全部收归己有。假设某地区只有一个房地产商，并且他清楚每一个"刚需"愿意支付的最高价格，他将对每一个"刚需"收取不同的价格，使他们刚好愿意购房。这样，客户们的全部消费者剩余都转移到了地产商那里。当然，这种价格歧视在当今是不可能达成的。

二级价格歧视：卖方根据买方购买量的不同，收取不同的价格。比如，移动公司对客户推出不同套餐，收取不同的价格：对于使用量小的客户，以分钟计算收取了较高的价格；对于使用量大的客户，以分钟计算收取较低的价格。卖方通过这种方式把买方的一部分消费者剩余据为己有。

三级价格歧视：卖方对不同类型的买方收取不同的价格。例如我们前面所说的肯德基优惠券的例子，以及机票在打折时尽量排除公务人士。

显然，价格歧视使产品的卖方尽可能多地获益。因为通过价格歧视，原本属于产品买方的消费者剩余也被转移到了卖方那里。按照经济学家的分析，价格歧视在经济上是有效率的，是满足帕累托标准的。所谓的帕累托标准，是指在资源配置中，如果至少有一个人认为方案 A 优于方案 B，而没有人认为 A 劣于 B，则认为从社会的观点看亦有 A 优于 B。

卖方通过价格歧视，使穷人少支付了现金，富人多支付了现金，卖方在达到最大收益的同时，也实现了社会福利最大化。如果卖方实行统一价格，虽然也能达到一个最大的收益，但却小于社会福利最大化的值。因而，第二、三级的价格歧视是多赢的。

稀缺效应：铝为什么曾经比银贵

是什么在决定一件商品的价钱？

我们可以说出很多因素，比方说是知名品牌，或者说其质量好，或者说其用材考究、全手工……这些都与价钱有关。不过，相对来说，是否稀缺是一个决定商品价钱更为重要的因素。一个最简单的例子，水与空气对人来说如生命般宝贵，而钻石属于可有可无的东西。但因为水与空气极多，因而非常廉价甚至免费。钻石因为极其稀少，价钱便极高。

法国皇帝拿破仑三世（1808—1873），是法兰西第二共和国总统（1848—1851）以及法兰西第二帝国皇帝（1852—1870）。拿破仑三世是一个喜欢炫耀的人，他常常大摆宴席，宴请天下宾客。每次宴会，他总是摆出一副高人一等的样子。餐桌上的用具几乎全是用银制的，唯有他自己用的那一个碗是铝制品。

为什么他身为法国皇帝，却不用高贵而亮丽的银碗，而要用色泽暗得多的铝碗呢？

原来，在差不多200年前的拿破仑时代，冶炼和使用金银已经有很长的历史，宫廷中的银器比比皆是。可是，当时铝金属的提炼技术落后，铝制品是极其稀罕的东西，不要说平民百姓用不起，就是一般的王公大臣也用不上。因此，拿破仑让客人们用银餐具，自己用铝碗，就是为了显示自己的高贵和尊严。

因为铝制品少，所以其价值高。在铝制品满大街时，谁还会像当年的拿破仑那样拿它来炫耀呢？

常言道：物以稀为贵。当一件商品非常稀少或开始变得稀少起来时，它相对会变得更有价值。例如同样一个系列的生肖纪念邮票，如果生肖兔的邮票比生肖猴的少得多，那么在邮票市场上，前者的售价要高于后者——尽管两者的面值一样。

在经济学中，把因商品稀缺而引起的价值增长或购买行为提高的现象，称之为"稀缺效应"。这一点在书画以及古董收藏市场上尤为明显，某一个画家的作品存世量如果比较少，就算其作品质量稍逊，也可能比存世量多的、作品质量优秀一些的价格高。而当一个优秀的书画家或工艺美术大师逝世，其作品当天就会价值飙升，求购其作品的人会更加热情。因为他的作品只会日渐稀缺而不会增加了。

关注和享受稀缺，希望拥有被争夺物品的愿望，几乎是人的本能。尤其商人、媒体人都可以学会宣传和制造稀缺，以此来影响人们的行为。不知你是否留意过，很多楼盘在开盘前，开发商总是进行大量广告轰炸，吸引人们前去看楼，邀请看楼者登记、交诚意金、登记 VIP 客户等，有的还张榜公布销售情况（实际没有销售那么多），形成临时性缺货或只剩少数存量假象，造成僧多粥少的恐慌。在这种心态的支配下，购房者争先恐后签下合同，生怕晚一天房子就被人抢走了。实际上，很多貌似很抢手的楼盘，一年半载后还有楼房在销售——只不过售价在有节奏地涨。

爱马仕在全球奢侈品中的品牌地位远高于 LV，爱马仕 Kelly 包并不是从柜台卖出的，而是订购的。订购一个包从 8 万元到 20 多万元不等，需要等待 4 年时间。如此稀缺、难得，加上其本身优良的品质，令 Kelly 包供不应求。美国的哈雷摩托，走的也是稀缺的路线。而英国产的劳斯莱斯豪车，不仅产量稀缺，而且某些型号的汽车还需要对购买者进行身份审核。如此种种，给人们留下了无限的想象空间，令这些商品到了皇帝女儿不愁嫁的地步。

在销售商品时，商家也常常使用"一次性大甩卖""清仓大特价"来吸引顾客，并将时间定为"最后三天"。用这种貌似机会难得的策略，促使顾客采取购买行为。而在电视购物栏目中，推销者也总是不停地强调：此次优惠只针对前 100 个打进电话者，或只有 5 分钟时间。这些小招数其实经不起推敲，但却总是能起到较好的促销作用。有不少家庭妇女经常会买一些不实用的商品回家，多半就是被这种"机会难得"的言辞所蛊惑，头脑发热抱回家。结果呢，回家之后就一直躺在储物柜里没处用。现在，你不妨也翻翻你的储物柜，看你有多少买回来之后一无用处的商品，借此反省一下自己的消费观。

虽说买的永远没有卖的精，但是作为普通消费者，还是擦亮眼睛，对商家制造出的稀缺效应保持几分理智与清醒为好。

锚定效应：小心虚幻公平的陷阱

锚定效应在生意场上有很广泛的运用。锚定效应认为，对于顾客来说，他们对一个产品的购买决策，需要觉得这个价格是公平的、划算的。然而，公平与划算是相对的，关键看你如何定位基点。基点定位就像一只锚一样，它定了，评价体系也就定了，公平与划算与否也就有答案了。

有一家湘菜馆的"毛氏红烧肉"定价为 38 元，饭店老板想将这道菜推出去作为本店的招牌菜，但一直销售平平。

后来，老板想了一个办法。他将定价 38 元的"毛氏红烧肉"更名为"金牌毛氏秘制文火红烧肉"，价格定在 48 元。同时，他又稍微改了一下烹饪手法，并在分量上加多，推出一道"至尊毛氏秘制文火红烧肉"，定价为 98 元，放在菜谱的醒目处。此外，第三种命名为"家常毛氏秘制文火红烧肉"的菜也推出来，每盘售价 28 元。

不久，这家湘菜馆里点红烧肉的顾客就多了起来。大致测算一下，有 60% 的顾客点的是 48 元的。点 98 元与 28 元的，基本上各占 20%。

红烧肉还是那盘红烧肉，因为有了一个比较，尽管涨价了但反而畅销了起来。其理由何在？还是锚定效应在作祟。顾客在看到定价 98 元的红烧肉时，对红烧肉的价格锚定了，多数顾客会有如下心理演绎：

98元，这么贵？难道很有特色？既然很有特色，那么试试？不，还是太贵了……哦，有便宜一点的，48元，合算。还有28元的？这个……家常菜，还是吃48元的吧。

生意场上的锚定效应比比皆是。去服装市场买衣服，售货员张口就是一千多，将价格的锚高高设定。拦腰一砍你就错了，现在流行"扫堂腿"。于是有些不善于讲价的人喜欢去品牌店，品牌店明码标价不讲价，折扣也是明明白白标出来：原价2800元，六折。看似省了不少钱，但岂不知那个"2800"多数时候也是一只锚。礼品书市场就更厉害了，几千上万一套的书，一折可以买到。可其实呢，一折也是几百上千。

那么，作为一个追求理性的经济人，在工作与生活中，除了需要尽量少被他人锚定，也不妨在恰当的时候向别人脑海里沉入一只沉重的"锚"。

曾经有个故事，说的是华盛顿的马被邻居偷了。华盛顿也知道马是被谁偷走的，于是就带着警察来到那个偷他马的邻居的农场，并且找到了自己的马。可是，邻居坚持说马是自家的。华盛顿灵机一动，就用双手将马的眼睛捂住说："如果这马是你的，你一定知道它的哪只眼睛有问题。""右眼。"邻居回答。华盛顿把手从右眼移开，马的右眼一点问题没有。"啊，我记错了，是左眼。"邻居纠正道。华盛顿又把左手也移开，马的左眼也没什么毛病。邻居还想为自己申辩，警察却说："什么也不要说了，这还不能证明这马不是你的吗？"

邻居为什么被识破？是因为华盛顿利用了锚定效应，它给邻居的脑海里扔了一只锚——"马的哪只眼睛有问题"，让其相信"马有一只眼睛有问题"，致使邻居猜完了右眼猜左眼，就是没想到马的眼睛根本没毛病。

锚定效应的应用可以说极其广泛，希望你能举一反三，在今后的工作与生活中"锚定"自己的利益。

参照依赖：没有对比没有伤害

我们都知道：在经济学中，所有的人都被假设为"理性经济人"。然而，在现实生活中，人们又往往喜欢感性行事。

打个比方，公司年底开年会，你第一个摸奖，中了 1000 元现金。这本来是一件值得高兴的好事，可你的高兴劲儿并没有持续多久，因为你发现后面的同事大多数中的奖比你多，有中 2000 元现金的，有中苹果手机与电脑的。而比你少的屈指可数，和你同样金额的也不多。这时，你心里就不会那么高兴了，甚至会有一些沮丧，觉得自己"吃亏"了。

为什么明明得到了，却有"失去"的沮丧感？这是因为你有参照物，参照周围的同事之所得，你心里开始不平衡。多数人对得失的判断，往往由某个参照点决定——曾荣获 2002 年诺贝尔经济学奖的普林斯顿大学教授卡尼曼，将这个发现称为"参照依赖"。对此，美国作家门肯早就有了发现："只要比你小姨子的丈夫（连襟）一年多赚 1000 块，你就算是有钱人了。"只是门肯并没有因为这句话而荣获诺贝尔文学奖。

其实，我国传统的"塞翁失马"典故，就是一个典型的参照依赖案例。边境上的塞翁的儿子因为骑马摔折了大腿，本来是一个不幸，可是却因为腿疾而不用服兵役。结果边境起战火，靠近边境一带的青壮年男子都应征入伍，十个中死了九个。塞翁的儿子因为腿瘸的缘故而不用服兵役，父子俩得以保全性命。参照周围的死难青壮年，腿瘸实在算是一种大幸。

卡尼曼在诺贝尔奖颁奖仪式的演说中，特地谈到了一位华人学者，他就是芝加哥大学商学院终身正教授奚恺元教授。奚教授于1998年发表了著名的冰激凌实验。

一杯冰激凌 A 有 7 盎司，装在 5 盎司的威化杯子里面，堆得高高的，看起来满满的；另外一杯冰激凌 B 是 8 盎司，装在 10 盎司的威化杯子里，所以看起来冰激凌装得不满。

客观来讲，哪一杯冰激凌更划算呢？按照传统经济学的理论，如果说人们喜欢冰激凌，那么 8 盎司的冰激凌比 7 盎司的多，如果人们喜欢吃威化杯，那么 10 盎司的杯子比 5 盎司的杯子大。所以不管从哪个角度来说，传统经济学都认为人们愿意为冰激凌 B 支付更多的钱。

但是试验表明，在分别判断的情况下（也就是人们不能把这两杯冰激凌放在一起比较），人们反而愿意为冰激凌 A 多付钱。平均来讲，人们愿意花 2.26 美元买冰激凌 A，却不愿意用 1.66 美元买冰激凌 B。这就是说，如果这两杯冰激凌都标价 2 美元，那么人们情愿选择冰激凌 A。

这是为什么呢？奚教授指出，人们在下购买决策的时候，通常不是像传统经济学那样判断一个物品的真正价值，而是根据一些比较容易评价的线索来判断。在这个实验中，人们就是根据冰激凌到底满还是不满来决定给不同的冰激凌支付多少钱。

奚教授的实验，不仅给商家在生意中指出了一个方向，也为我们为人处世指出了一条路：我们可以通过调整参照值影响人对得失的判断。比方说你想邀请你朋友出资 100 万合伙做一单生意，你大致估计这单生意周期为三个月，各自能分 8 万~10 万的盈利。那么，你不妨适度调低参照值，告诉他大约有 6 万元的盈利，而不是说"如果控制得当有望赚 10 万元"之类的话。等到生意完成，如果赚了 8 万，他一定会很高兴。而假设你当初说的是"有望赚 10 万元"，哪怕你最终赚了 9 万，他也感觉少赚了。

但是，如果我们深度探讨以上的例子，又会发现其中还有一些细微的问题。比方说，朋友听了你说的 6 万预期目标后，感觉太少而不愿意投资 100 万。这时，你的预期收益目标就需要适度提高了。参照依赖理论认为：低标准的目标往往使人谨慎行事，高标准的目标往往使人敢于冒险。因此，预期收益的多寡，除了你要考虑实际的收益预计之外，还要考虑到对方的投资意愿。如果估计 6 万的预期收益可以打动对方，那么就不妨说 6 万。如果对方需要 10 万甚至更高的收益才会动心，而你又很需要对方的出资来完成这单生意，那么你就只好调高预期目标。与此同时，你要做好日后丧失信誉的心理准备，或者做好自己少赚以确保对方能拿到预期利润的心理准备（这样就保全了自己的信誉）。具体如何决策，一切在于你身处的实际情况。

总之，参照依赖很美，人们缺少的是一双发现美的眼睛。在现实生活中，若学会运用参照依赖，你将会更好地把握人生的机会，从而与幸福更加接近。

赌徒谬误："平均"的迷信

　　假设你在和别人玩抛硬币猜正反游戏，现在已经连续出了 5 次反面，在第 6 次抛硬币之前，你猜出哪一面的概率大？

　　如果你猜是正面的概率大，那么你就错了（猜反面概率大也错了）。猜正面概率大的可能会很不服，理由是：抛硬币本来就是 50% 的正反面概率，也就是说，正常情况下抛 6 次硬币是正反面各 3 次。现在反面都出了 5 次了，"应该"要出正面了。甚至有人会用数学的概率来论证：连续 6 次抛出反面的概率是 6 个 1/2 相乘，也就是 1/64，因此第 6 次出正面的概率是 63/64。

　　然而，事实的真相是：第 6 次出现正反面的概率仍然是 1/2。理由很简单，既然每一次抛硬币出现正反面都是 1/2 的概率，为什么第 6 次不是 1/2 呢？

　　经济学家将人们此种不合逻辑的推理方式称为"赌徒谬误"。其定义如下：认为随机序列中一个事件发生的概率与之前发生的事件有关，即其发生的概率会随着之前没有发生该事件的次数而上升。

　　赌徒谬误在人们赌博以及投资中屡见不鲜。例如一个赌徒压大连续输了 5 把，第 6 把他会坚信自己赢面大而下更大的注，因为他不相信自己会连输 6 把——连输 6 把的概率的确很小，但他忘了每一把输的概率是一样的。我们假设他第 6 把继续输了，那么第 7 把或许会下更大的赌注。

在股票市场，赌徒谬误也比比皆是。股指连续涨（跌）了三天了，是不是该跌（涨）了？中石油从 48 元跌到了 20 元，不可能再跌了吧？然而，事实上，股指不但可以从 2000 点一路摸高到 6000点，也能够从 6000 点"跌跌不休"到 1800 多点。

经济学家德·邦德研究发现，三年牛市之后的股民预测往往过于悲观，而在三年熊市之后会过度乐观。人们倾向于认为如果一件事总是连续出现一种结果，则很可能会出现不同的结果来将其"平均"一下。正是这种思维，使投资者更加相信股价反转出现的可能性。

有专家曾做了一个实验，实验对象共 285 人，主要是复旦大学的工商管理硕士（MBA）、成人教育学院会计系和经济管理专业的学员以及注册金融分析师 CFA 培训学员，均为在职人员，来自不同行业，从业经验 4—20 年不等。"虽然他们不能代表市场中所有的个人投资者，但随着中国证券市场的发展，完全无投资知识的个人投资者将会逐步淡出市场，其投资资金将会由委托专家进行管理，而能自主进行证券投资的个人投资者将是具有一定投资知识与水平的投资者，本研究中的样本正是代表了这部分人或这部分潜在的投资人。"文章对样本选取的范围这样解释说。

实验过程以问卷调查的形式进行。

第一步，假设每位实验者中了 1 万元的彩票，所得奖金打算投资股市。理财顾问推荐了基本情况几乎完全相同的两支股票，唯一的差别是，一支连涨而另一只连跌，连续上涨或下跌的时间段分为 3 个月，6 个月，9 个月和 12 个月四组。每位实验者给定一个时间段，首先表明自己的购买意愿，在"确定购买连涨股票""倾向购买连涨股票""无差别""倾向买进连跌股票""确定买进连跌股票"5 个选项间做出选择。然后，要求实验者在两支股票间具体分配 1 万元，买入股票所用的资金比例作为购买倾向的具体度量。

第二步，由考察购买行为转为考察卖出股票的决策。假设实验者手中有市值 4 万元的股票，现在需要套现 1 万元购买一台电脑，同样推荐了两支基本情况相似的股票，时间段分组也一样。实验者先选择"对连涨或连跌股票的卖出倾向"，然后决定为了筹集 1 万元，打算在两只股票上各卖出多少钱。最后，研究小组还要求实验者就连续上涨或下跌的股票在第二个月的走势以及上涨与下跌的概率做出预测。

在每一步调查中，如果实验者的表现前后不一致，研究小组会剔除问卷。举例来说，如果选择"确定买进连涨股票"，可投资了更多的钱在连跌的股票上，那么问卷将被视为无效。此外，"如果被试对股票市场一点都不了解，或没有投资经验，则问卷也将在实验中被剔除"。研究小组最终采集的样本数为 135 人，其中男性 70 名，女性 65 名，平均年龄为 28.5 岁，被试对股市了解程度与投资经验跨度很大，平均值均不到 5。

研究小组发现，"在持续上涨的情况下，上涨时间越长，买进的可能性越小，而卖出的可能性越大，对预测下一期继续上升的可能性呈总体下降的趋势，认为会下跌的可能性则总体上呈上升趋势"；反之，"在连续下跌的情况下，下跌的月份越长，买进的可能性越大，而卖出的可能性越小，投资者预测下一期继续下跌的可能性呈下降趋势，而预测上涨的可能性总体上呈上升趋势"。这说明，随着时间长度增加，投资者的"赌徒谬误"效应越来越明显。

但是，"这种效应受到投资者对股票市场的了解程度、投资经验、年龄甚至性别的影响"，研究报告补充说。同样是连续上涨的情况下，"卖出的可能性与投资者对股票市场的了解程度、投资经验呈显著的负相关，意味着了解程度越高，经验越丰富的投资者卖出的可能性更小"，而"股市了解程度、经验又均与年龄呈显著正相关"。在性别差异方面，"女性投资者在股价连涨时的卖出倾向显著高于男性，而男性在股价连跌时的卖出倾向却显著高于女性"。

最有趣的发现来自对于实验者股票持有时间的观察，"无论在股价连涨还是连跌的情况下，实验者打算的持有时间均很短，平均只有2.9个月和5.7个月"；而且"无论在多长的时间段中，投资者在连跌的情况下持有股票的时间都要显著长于持有连续上涨的股票"。报告认为，前者"验证了中国投资者喜好短线操作的印象"，后者则说明"在中国投资者中存在的显著的'处置效应'"，通俗地讲就是"赚的人卖得太早，亏的人持得太久"。其中，"处置效应"在女性投资者身上体现更明显。实验也发现，投资经验与知识程度低的投资者"处置效应"高于投资经验与知识程度较高的投资者，表明后者更加理性。

在起起落落的股海惊涛中，赌徒谬误对投资股权之类的证券的损害无疑是双重的。其表现在：当股票连涨时，在赌徒谬误的支配下觉得应该跌了，结果容易错失大好行情；而在股票连跌时，在赌徒谬误的支配下觉得应该涨了，结果在半山腰被套站岗。

看来，唯有破除心头的赌徒谬误，才能在投资市场拥有更大的胜算。

蝴蝶效应：成大事者需注重细节

一只亚马孙河流域热带雨林中的蝴蝶，偶尔扇动几下翅膀，两周后，可能在美国得克萨斯州引起一场龙卷风。

英国国王理查德三世与里奇伯爵亨利准备决一死战，看谁能统治英国。决战当天早上，理查德派一个马夫去准备战马。马夫让铁匠给国王的战马钉马掌，铁匠说："我早几天给国王的军队全部钉了马掌，所有的马掌和钉子都用光了，我要重新打。"

马夫不耐烦地说："我等不及了，你有什么就用什么吧！"

于是，铁匠寻来四个旧马掌和一些旧钉子，把他们砸平打直后钉上国王的战马的马蹄。可最后一个马掌只钉了两枚钉子，连钉子也没有了。马夫等不及了，认为两颗钉子应该能挂住马掌，就牵走了马。

结果，在战场上，理查德的马掉了一只马掌，战马便失足掀翻在地，理查德被亨利的士兵活捉了。

由这个故事，形成了一个著名的"钉子"理论，即一枚钉子，可以影响一个马掌，一个马掌可以影响一匹马，一匹马可以影响一个战士，一个战士可以影响一次战斗，一次战斗可以影响一场战争，一场战争可以输掉一个帝国。

马掌上的一个钉子是否丢失，本是一种十分微小的变化，但其"长期"效应是一个帝国的存与亡。这就是"蝴蝶效应"在军事和政治领域中的反映。

20 世纪 60 年代初，气象学家爱德华·洛伦兹（麻省理工学院教授，混沌学开创人之一）利用计算机进行"数值天气预报"的试验。他发觉，只要输入的资料存在微小的差异，计算的结果就会出现极大分别，"差之毫厘，谬以千里"正是形容这种情况。这说明，"数值天气预报"在一定程度上也具有不可预测性。

基于这个发现和广泛的研究，洛伦兹 1972 年 12 月 29 日在华盛顿的美国科学发展学会上发表了一篇演说，题为"可预测性：一只在巴西翩翩起舞的蝴蝶可否在得克萨斯州引起龙卷风？"。

演说的大意为：一只亚马孙河流域热带雨林中的蝴蝶，偶尔扇动几下翅膀，两周后，可能在美国得克萨斯州引起一场龙卷风。原因在于，蝴蝶翅膀的运动，导致其身边的空气系统发生变化，并引起微弱气流的产生，而微弱气流的产生，又会引起它四周空气或其他系统产生相应的变化，由此引起连锁反应，最终导致天气系统的极大变化。

洛伦兹的演讲和结论给人们留下了极其深刻的印象。从此以后，所谓"蝴蝶效应"之说就不胫而走、声名远扬了。

蝴蝶效应说明，事物发展的结果，对初始条件具有极为敏感的依赖性，初始条件的极小偏差，将会引起结果的极大差异。

经典动力学的传统观点认为：系统的长期行为对初始条件是不敏感的，即初始条件的微小变化对未来状态所造成的差别也是很微小的。但是这一项传统观点很快遭到了混沌理论的挑战。这种理论认为：在混沌系统中，初始条件的十分微小的变化经过不断放大，对其未来状态会造成极其巨大的差别。

是不是有点不可思议？但是事实就是如此，一些看似极微小的事情却有可能造成非常严重的后果。因此，不论是在政治、军事，还是商业领域中，如果能做到防微杜渐、亡羊补牢，那么就算不能完全防止"蝴蝶效应"的发生，也可以把它的影响降到最低。

对个人或组织来说，"防微杜渐"能让人们及时堵塞漏洞，防止危机的发生。但大部分时候，人们想做到"防微杜渐"并不是一件容易的事。由于变化是渐进的，一年一年地，一月一月地，一日一日地，一时一时地，一分一分地，一秒一秒地渐进，犹如从很缓的斜坡走下来，人们很难察觉其递降的痕迹。

正是由于这种不知不觉的变化，警觉性不高的人很难预防。这种过程慢得不易使自己感知，也不易使别人察觉。但越是这样越可怕，因为它往往被一些不起眼的事物所掩盖。

虽然人们总是希望在危机之前做到"防微杜渐"，但要想完全消除一切隐患却是不太现实的事情，我们可以在隐患刚开始出现的时候做到"亡羊补牢"。

一个伟大的作家，不一定描述故事的每个细节，但是却总是把关系到故事结局的细节描写得特别生动。一个真正成功的人，不一定关注每个细节，但绝对特别注重可能关乎胜负的细节。那些觉得自己重要到不屑去关心任何细节的人，往往也不足以成就大事业。

蝴蝶效应说明，事物发展的结果，对初始条件具有极为敏感的依赖性，初始条件的极小偏差，将会引起结果的极大差异。而"蝴蝶效应"的翅膀也给我们的头脑扇起了一场思维风暴，它给了我们很多启示。

它启示我们：

不要忽略任何微小的事物；

小细节能够影响大结局；

要防微杜渐,小毛病可能引发大悲剧;
要养成好习惯,小习惯可能影响大生活。
……

鲶鱼效应：外来的竞争能激活内部的活力

很久以前，挪威人从深海捕捞的沙丁鱼，如果能让其活着抵港，卖价就会比死鱼高好几倍。渔民们想了无数的办法，想让沙丁鱼活着上岸，但都失败了。

只有一只渔船总能带着活沙丁鱼回到港内。

这条船的秘密何在呢？

该船长严守成功秘密，直到他死后，人们打开他的鱼槽，才发现只不过是多了一条鲶鱼。原来当鲶鱼装入鱼槽后，就会四处游动，不断地追逐沙丁鱼。大量沙丁鱼发现多了一个"异己分子"，自然也会紧张起来，在追逐下拼命游动，激发了其内部的活力。这样一来，沙丁鱼便活着回到港口。

这就是所谓的"鲶鱼效应"。

一种动物如果没有外界的刺激，就会变得死气沉沉。同样，一个人如果没有对手，那他就会甘于平庸，养成惰性，最终导致庸碌无为。

在我们国家两千多年前，一些养马的人就深得此中三昧。他们在马厩中养猴，以弼马温。原理是什么呢？据有关专家分析，因为猴子天性好动，这样可以使一些神经质的马得到一定的训练，使马从易惊易怒的状态中解脱出来，对于突然出现的人或物以及声响等不再惊恐失措。马是可以站着消化和睡觉的，只有在疲惫和体力不支或生病时才卧倒休息。在马厩中养猴，可以使马经常站立而不卧倒，这样可以提高马对血吸虫病的抵抗能力。

在马厩中养猴，以"辟恶，消百病"，养在马厩中的猴子就是"弼马瘟"。这个弼马瘟所起的作用就相当于鱼槽里的鲶鱼。

我们每个人的身上都蕴藏着巨大的潜能，这些潜能一旦被释放出来，我们能做的比我们想到的要多得多。被尊为"控制论之父"的维纳认为，每一个人，即使是做出了辉煌成就的人，在他一生中所利用大脑的潜能也还不到百亿分之一。

虽然人们可以通过自我激励来开发潜能，但更可靠、更适用的方法是通过外因的激发带来能量的释放。因为自我激励需要坚强的意志力，而外因的激活则是人的一种本能反应，而且它的激发本身带有一种竞技游戏的效果。

老鹰是所有鸟类中最强壮的种族，根据动物学家所做的研究，这可能与老鹰的喂食习惯有关。

老鹰一次生下四五只小鹰，由于它们的巢穴很高，所以捕猎回来的食物一次只能喂食一只小鹰，而老鹰的喂食方式并不是依平等的原则，而是哪一只小鹰抢得凶就给谁吃，在此情况下，瘦弱的小鹰吃不到食物都死了，最凶狠的存活下来，代代相传，老鹰一族就愈来愈强壮。

在生活中，我们大多数人天生是懒惰的，都尽可能逃避竞争；大部分没有雄心壮志和负责精神，缺乏理性，不能自律，容易受他人影响，宁可期望别人来领导和指挥，就算有一部分人有着宏大的目标，也缺乏执行的勇气。

这一方面是人的懒惰也有着一种自我强化机制，由于每个人都追求安逸舒适的生活，贪图享受在所难免。另一方面是所处环境给他们带来安逸的感觉，老是局限在一个安逸环境，难免闭目塞听，思想僵化，盲目自满。而进入一个充满竞争的环境，竞争者打破安逸的生活，人们会立刻警觉起来，懒惰的天性也会随着环境的改变而受到节制。人的干劲和潜力被激发出来，就能开创新局面，做出新的成绩。

通过引入外界的竞争者，往往能激活内部的活力。对于一个组织来说，鲶鱼效应说明了人员流动的必要性和重要性。一个单位如果人员长期固定，就少了新鲜感和活力，容易产生惰性。运用这一效应，加入一些"鲶鱼"，通过新成员的"中途介入"，制造一种紧张空气，有助于激发群体成员的活力和竞争意识，从而提高工作效率。

它符合人才管理的规律，能够使组织变得生机勃勃。任何组织都需要几条这样的"鲶鱼"。"鲶鱼"本身未必有多大能量，但他可以给整个组织带来能量释放的连锁反应。

路径依赖：被马屁股决定的火箭推进器

你知道我国常见的火车铁轨轨距是多少吗？

——1435mm，也就是 4.85 英尺，这是国际标准轨距。大于这个标准的称之为宽轨，小于这个标准的称之为窄轨。曾经有西方学者较真，为什么是 4.85 英尺，而不是其他的数字？

这个学者一番追根溯源，发现铁路发展的初期，轨距是五花八门的，宽可达 7 英尺（2133.6mm），窄的只有 2 英尺 6 英寸（762mm）。即使现在，全世界也有 30 多种不同的轨距。至于为什么把 1435mm 定为国际标准轨距，有其历史原因。1825 年通车的世界上第一条营业铁路，英国的斯托克顿-达灵顿的铁路就是采用的 4.85 英尺轨距。1846 年英国国会把这个轨距确定为标准轨距，非经特准，禁止在新铁路线上采用其他轨距。当时的英国是资本主义强国，因此也把这个标准推行到他们的殖民地和势力范围去。例如，主持修筑中国的第一条铁路——唐胥铁路的工程师是英国人克劳德·威廉·金达，他就力主采用 4.85 英尺的轨距。为了方便火车畅通，全世界绝大多数国家采用了 4.85 英尺轨距。

关于火车轨距问题的研究，似乎就这样告一段落了。但是，这个学者颇有打破砂锅问到底的精神。他要继续穷追：为什么英国的斯托克顿-达灵顿铁路会选择 4.85 英尺的轨距？

原来，早期的铁路是由建电车的人设计的，而 4.85 英尺正是电车所用的轮距标准。那么，电车的标准又是从哪里来的呢？

最先造电车的人以前是造马车的，所以电车的标准是沿用马车的轮距标准。马车又为什么要用这个轮距标准呢？

英国马路辙迹的宽度是4.85英尺，如果马车用其他轮距，其轮子很快会因为与英国老路上的辙迹不合而严重磨损。这些辙迹又是从何而来的呢？

从古罗马人那里来的。因为整个欧洲，包括英国的长途老路都是由罗马人为它的军队所铺设的，而辙迹正是古罗马战车的宽度。再追问一下：古罗马战车为什么是4.85英尺？

因为古罗马战车由两匹马拉动，而两匹并排拉车的马屁股的宽度就是4.85英尺。

事实上，古罗马的马屁股的宽度，不仅决定了今天绝大多数的火车轨距，甚至还决定了美国飞机燃料箱两旁的两个火箭推进器之间的距离。这些推进器制造完后要由火车运送到火箭发射点，运输途中要经过一些隧道，有的隧道的宽度只比铁轨略微宽一点点。所以，两个火箭推进器之间的距离也设计成了4.85英尺。

从古罗马的两匹马，一直到今天的火车与飞机，看似不相干的东西之间，居然存在着因果关系。一旦人们做了某种选择，就好比走上了一条不归之路，惯性的力量会使这一选择不断自我强化，并让你轻易走不出去。经济学家将这一现象命名为"路径依赖"。路径依赖的另一个经典例子是：现在我们用的电脑键盘上的字母布局其实非常不合理，但因为最初设计的打字机就是这个布局（QWERTY），所以一直惯性延续下来了。很多新开发的科学合理高效的不同布局的键盘，都在与其竞争中败北。

在《经济史中的结构与变迁》一文中，美国经济学家道格拉斯·诺斯由于用"路径依赖"理论成功地阐释了经济制度的演进，他因此获得 1993 年诺贝尔经济学奖。诺斯认为，"路径依赖"类似于物理学中的惯性，事物一旦进入某一路径，就可能对这种路径产生依赖。这是因为，经济生活与物理世界一样，存在着报酬递增和自我强化的机制。这种机制使人们一旦选择走上某一路径，就会在以后的发展中得到不断的自我强化。"路径依赖"理论被总结出来之后，人们把它广泛应用在选择和习惯的各个方面。在一定程度上，人们的一切选择都会受到路径依赖的可怕影响，人们过去做出的选择决定了他们现在可能的选择，人们关于习惯的一切理论都可以用"路径依赖"来解释。

人在职场，也有"路径依赖"。职场人士在为自己选择了某个职业后，就会对这个职业产生习惯性依赖，无论是好还是坏，都会对自己将来的职业发展产生影响。路径依赖让职场人在想要重新择业时，往往要面对诸多的困难：已经习惯了某种工作状态和职业环境，并且产生了某种依赖性；重新做出选择，会丧失许多既得利益，甚至大伤元气，从此一蹶不振。路径依赖给职场人士以下三个启示：

启示一：胸中有地图，一步一脚印。你想做什么，想在日后成为什么？有目标还不行，还需要有清晰的职业规划。从深圳去北京自驾游，沿着京珠高速一路朝北。这样的路径依赖，无疑是正向的，是我们所需要的。那么，想从一个小小的打工仔，变成一个大老板，需要做好哪些储备，经受哪些历练，克服哪些困难呢？

启示二：重视第一份职业。因为"马屁股决定了航天飞机助推器的宽度"，所以第一份职业的选择一定要谨慎。"首份工作做好选择最重要。越到后面，要想摆脱原已熟悉的职业路径就越困难，成本越高，风险越大。建议从选择自己感兴趣的、同时也是较为符合自己个性、能力的专业做起，为自己量身定制一个既具挑战性，又不失客观、实际的职业生涯规划，按照规划一步步走下去，这样有利于职业发展的良性循环。

启示三：方向错误，趁早下船。南辕北辙，越走越远，越走越依赖。如果你甘于随波逐流也就罢了，如果你不甘心，越早下船成本越小。

破窗效应：破鼓万人捶

美国斯坦福大学有一位心理学教授曾做过一项试验：将两辆外形完全相同的汽车停放在相同的环境里，其中一辆车的车窗是打开的，车牌也被摘掉；另一辆则封闭如常。结果打开车窗的那辆车在三日之内就被人破坏得面目全非，另一辆车则完好无损。这时候，他在剩下的这辆车的窗户上打了一个洞，只一天时间，车上所有的窗户都被打破，车内的东西也全部丢失。于是他据此提出了"破窗理论"：对于完美的东西，大家都会本能地维护它，不去破坏，自觉地阻止破坏现象；相反，有缺陷或者已被破坏的东西，让它更坏一些也无妨。对随之而来的破坏行为也往往视而不见，任其自生自灭。

也就是说，一件完美的东西，要去维护它，就必须防患于未然。这件事情是由于窗子被打破而引发的，所以姑且称之为"破窗效应"。在人们的意识中，只要是破的东西就可以任意地去继续破坏，似乎只有好的东西才有保留价值。如果房子的窗子不破，可能就没人会把房子变通道；如果汽车的窗子不破，可能也不会被"肢解"。

联系我们工作和生活中的实际，就会发现环境和氛围具有强烈的暗示性和诱导性。如果有人打坏了一栋建筑物上的一块玻璃又没有及时修复，别人就可能受到某些暗示性的纵容，去打碎更多的玻璃。久而久之，这些窗户就给人造成一种无序的感觉，在这种麻木不仁的氛围中，各种混乱的局面就会滋生、蔓延。因此，我们必须及时修复好"第一扇被打碎玻璃的窗户"。

推而广之，从人与环境的关系这个角度去看，我们周围生活中所发生的许多事情，不正是环境暗示和诱导作用的结果吗？

比如，在窗明几净、环境幽雅的场所，没有人会大声喧哗或吐出一口痰。相反，如果环境脏乱不堪，倒是时常可以看见吐痰、便溺、打闹、互骂等不文明的举止。

在公共场合，如果每个人都举止优雅、谈吐文明、遵守公德，往往能够营造出文明而富有教养的氛围。千万不要因为某个人的粗鲁、野蛮和低俗行为而形成"破窗效应"，进而给公共场合带来无序和失去规范的感觉。

又比如，在我们的实际工作中，每个单位，每个部门，都制定了不少的规章制度，目的就是为保证各单位各部门的工作质量、工作秩序和服务质量。各项规章制度对于一个单位的正常运作和生存发展起着重要作用。

但是在管理实践中，总会有第一个怀有侥幸心理的人去破坏制度，或是钻制度的空子。对此行为，如果是事不关己而视而不见，其他人就可能会受到某种暗示性的纵容，加入"破窗"的行为，加剧"破窗"的进程。久而久之，再完好的规章制度也将重蹈破车的覆辙。如果发现"破窗"而及时去纠正、制止，虽然降低了损失，但毕竟不完美。最佳办法是在"破窗"之前就加以防范，并且"严惩第一个打碎窗户的人"。

破鼓万人捶，墙倒众人推。在社会的其他领域，同样存在着"破窗效应"，关键是我们如何去把握环境的这种暗示和诱导的作用。因此，在我们的日常工作中，"破窗效应"给我们的启示是：任何制度都有可能被破坏，一旦始作俑者出现，破坏起来就会非常容易。因而必须防微杜渐，持之以恒，靠大家的共同努力来维护它的完美。

林格曼效应：三个和尚没水吃

一个和尚挑水喝，两个和尚抬水喝，三个和尚没水喝。三个和尚为什么没水喝？

因为三个和尚属同一种心态，同一种思想境界，都不想出力，都想依赖别人，在取水的问题上互相推诿，结果谁也不去取水，以致大家都没水喝。

太多人做同样的事情，会使每个人心里想，反正大家都做同样的事情，我少做点或者不做，在这样的大集体里面也觉察不出来。当然会这样想的肯定不止一个人。结果，我不做，你也不做，最后就大家都不去做。

团体进行的工作，团体成员会有偷懒的倾向，这是所谓的"社会性的偷懒"。由于这是德国的研究者林格曼最初发现的现象，因此也称为"林格曼效应"。

而拉塔尼等人于1979年所进行的实验，则实际证明了林格曼效应。实验首先分为一人、二人、三人、八人等四组，请各组拉绳子，以测定团体中的每个人到底出了多少力。

结果一个人拉绳子时，出力为100%；二人一组时，个人使出的力仅为一人时的93%，同样的，三人时为85%，八人时为49%。也就是说，当团体人数越多时，个人出的力量也就越弱，亦即有偷懒的倾向。

拉塔尼等人除了做拉绳子实验外，还使用了大声吼叫或拍手等方法来证明林格曼效应的实验。

他聚集了48名男学生，每六人分为一组，两个人间隔1米呈半圆形坐着。单独时是两次，两人时四次，四人时四次，六人全部进行六次，让他们发出声音或拍手。然后测定各自的叫声与拍手的音压。实验结果显示，团体规模越大时，喊叫声的音压与拍手的音压就会降低。

但此实验法就算个人非常努力，可如果喊叫声或拍手时机不吻合的话，音压也会降低（这是一种协调性的失败）。因此音压的减少，是否真是由于"林格曼效应"所造成的，还是由于协调性的失败而造成的？拉塔尼等人又做了一个实验来调查。

这次是聚集36名男学生，与先前一样将每六人分为一组，在一人、二人到六人的条件之下，让他们大声喊叫出声。这时学生们全都遮住眼睛，戴上连接特殊装置的耳机，无法听到别人的叫声。也就是说，实际上是个人发出声音，却让他们误以为是全部的人一起发出的声音。

假设没有遮住眼睛或戴上耳机时，个人发出的声音为100%的话，则二人时为66%，六人时则降为36%。

另一方面，以为整个团体发出声音，实际上只有一个人发出声音的例子，二人时为86%，六人时降为74%。因此可以了解到音压的降低，并不是由于协调性失败造成的，纯粹是因为"社会性的偷懒"，不努力所造成的。

但降低情况并不是非常极端。例如看到团体中其他的人，或是听到他们的声音，在这种情况下，偷懒的程度就会明显地减少。

"大家一起努力合作"是相当没有效率的做法——社会性的偷

懒，也就是林格曼效应，要在工作场合实地加以调查是非常困难的。拉塔尼等人只能利用拉绳子或是大声喊叫、拍手等方式来调查，不过这只是在实验室进行的实验结果，无法与实际的状况相对应。

声音的大小或拍手方法等单纯的实验，想要实际应用在工作上，看看是不是也会出现偷懒现象，是没有办法进行的。而且这个实验只是一种模拟实验，其结果与实际状况是否相同，我们虽不得而知，但理论上应该是十分接近的。

看前面的实验即能得出这样一个结论，当人数越多时，偷懒程度就会增加，这也表示出"大家一定要努力合作"的做法并不一定是真的都能努力合作。

一大堆人共同做一件事情时，往往都认为"就算自己不努力，别人也会去做"而产生一种逃避责任的心理。我们常说的"乌合之众""一盘散沙"之所以无法成功的理由就在于此。

从某种意义上来说，所谓"大家要互助合作"，事实上就代表"大家可以适当地偷懒、轻松去做"。

因此在公司或学校里，作为领导或老师绝对不可对下属或学生说"你们大家一起努力做"这样的抽象命令，而应该采用"张三做这个，李四做那个"的具体指示，细致地安排出每个人该做的事情，这才是提升效率的方法。

也许你在大学中曾经观看过啦啦队的练习，同时让每一个人依序发出声音来。实际加油时，领导者会大声叫，而其他队员几乎是全部发出声音来。可是在练习时，虽然有时会集体练习，但大部分时间都是单独练习的。因为根据经验，一起练习时，有人会出现偷懒的现象，因此要求大家单独练习。

这种社会性的偷懒很不容易处理，就是因为大家并不是事先心怀恶意，打从一开始就打算偷懒的缘故。大声叫的实验，虽然认为自己叫的声音最大，可是还是想配合别人发出声音的音量或调子。这并不算是逃避责任，而是重视大家一起进行时的协调性的缘故。

总认为只有自己大声叫，是会破坏整体的协调性的。由于不希望自己太过于显眼的意识作祟，因此会配合他人的调子，所以说这并不是故意要偷懒或逃避责任。

在工作方面，当一个人做完所有的事情时，总害怕同事们会说："你看这家伙，真是爱表现！就显得他能耐。"所以会不断观察周围的状况，如果别人太慢的话，就会做适当的休息来降低自己的工作速度。上司看来或许会认为这是偷懒，但其本人却真的认为这是为了大家才休息的，并没有罪恶感。这也可以说是社会性偷懒的一个特点。

如果具有罪恶感意识或逃避责任的意识的话，要加以改善并不难。但若没有这种自觉性，当然也就很难加以改善了。

要破解林格曼效应并不难，只需要明确责任就好。比方，三个和尚，你负责清洁用水，我负责厨房饮食用水，他负责灌溉用水。虽然是做同样的事情，但是责任到人、目的明确。谁不挑水，今天的生活某一环节就会出问题，就找谁来承担责任。

弗洛斯特法则：知道边界在哪里

弗洛斯特法则指的是：在筑墙之前应该知道把什么圈出去，把什么圈进来。

弗洛斯特法则是美国思想家弗洛斯特提出的，法则警示我们在做任何事情之前都要有一个清晰的界定：什么能做，什么不能做；接受什么，拒绝什么……做人如此，做事亦然。

弗纳斯姜汁酒是一种酱色、温和的软饮料。对许多与弗纳斯一道长大的底特律人来说，弗纳斯姜汁酒无与伦比。他们凉着喝，热着饮；早晨喝，中午喝，晚上还喝；夏天喝，冬天也喝；喝瓶装的，也在冷饮柜台喝。他们喜欢气泡冒到鼻尖上痒痒的感觉。他们还说，如果没尝过上面浮有冰激凌的弗纳斯姜汁酒就算白活了。

对许多人来说，弗纳斯姜汁酒甚至还有少许疗效，如：他们用暖过的弗纳斯姜汁酒来治小孩拉肚子或者缓解喉咙的疼痛。对绝大多数底特律成年人来说，弗纳斯那种熟悉的绿黄相间的包装会带给他们许多童年时的美好回忆。

然而，在美国的软饮料家族中，弗纳斯姜汁酒不要说与可口可乐和百事可乐等巨头无法相比，就是与彭伯、七喜和皇冠等这些第二层次的品牌比也有相当的差距。但是，在竞争激烈的市场中，可口可乐为保住自己的优势每年要花掉大量的广告费，而弗纳斯只花少量广告费就能顽强地存活下来。

　　而且，与别的品牌的产品多样化相比，弗纳斯只有两种形式：原汁的和低热量的。可口可乐巨大的销售推销力量以大幅折扣和促销折让摆布着零售商；而弗纳斯只有小额市场营销预算，并且对零售商没有多少影响。如果你能幸运地在当地超市里找到弗纳斯姜汁酒，它通常和其他特殊饮料一起被藏在货架的最底层。甚至在公司有很大把握的底特律市场，零售店通常也只给弗纳斯少许货架面，而许多可口可乐品牌会有 50%～100% 的货架面。

　　但是，弗纳斯不仅生存了下来，而且繁荣兴旺。这是怎样办到的呢？

　　弗纳斯与很多企业不同，它不是通过扩大企业规模或是延长企业战线来应付竞争，求得生存。它没有在主要软饮料细分市场与较大的企业直接较量，而是在市场中"见缝插针"，做自己最擅长做的买卖。它集中力量满足弗纳斯忠实饮用者的特殊需要。弗纳斯明白它永远不可能真正挑战可口可乐以获得软饮料市场较大的占有率。但它同样明白可口可乐也永远不可能创造另一种弗纳斯姜汁酒。

　　只要弗纳斯继续满足这些特殊顾客，它就能获得一个虽小但能获利的市场份额。而且，对这个市场中的"小"是绝对不能嗤之以鼻的，因为 1% 的市场占有率就等于 5 亿美元的零售额。因此，通过抓住难得的市场机会，选择适合自己的市场位置，弗纳斯在软饮料巨人的阴影下茁壮成长。

　　作为小企业的弗纳斯姜汁酒只做自己擅长做的事，从而在竞争激烈的美国软饮料竞争中为自己赢得了不可取代的地位。同样，作为大企业的日本电子家电业巨头松下，通过对产品定位的重新考虑，毅然退出了大型电脑领域，从而为公司免去了不少潜在的无谓消耗。

　　无论做人还是做事，我们一定要清楚我们适合做什么，不适合做什么。要是盲目跟风，轻则会竹篮打水，重则会全军覆没。

博傻理论: 别做最后的接盘侠

与专门收藏青铜镜的朋友逛潘家园旧货市场, 看到一面铜镜。商贩说是汉朝的蟠螭纹镜, 开价 10 万。朋友仔细看了看, 出价 3000 元, 几番讨价还价, 最终 7000 元拿下。回来路上, 朋友告诉我: 这面铜镜是明代仿汉朝的铜镜, 市场不多见, 价格也就三五千的样子。我当时说: "你傻不傻啊, 三五千的东西花了 7000 元。" 朋友笑笑, 没有回答。

半年后, 无意中朋友告诉我, 那面铜镜他已经出手了, 卖了 2 万元。

多花了几千元买铜镜本来是一件傻瓜做的事, 因为 2 万得以出手, 一下子就变得无比聪明了。道理何在? 因为有一个更大的傻瓜在接盘。再进一步思考: 那个花 2 万购进的傻瓜, 未必也是真傻瓜, 说不定他一转手又赚了呢……继续推演, 所有的 "傻瓜" 都不是傻瓜, 只有最后接盘的那个, 才是真的傻瓜。

原来, 不管你花多少钱买来的, 值不值得, 都不重要, 重要的是: 有没有人愿意花更多的钱来购买你的。这就是经济学中的 "博傻理论"。博傻理论是指在资本市场中 (如股票、期货市场), 人们之所以完全不管某个东西的真实价值而愿意花高价购买, 是因为他们预期会有一个更大的笨蛋会花更高的价钱从他们那儿把它买走。博傻理论告诉人们的最重要的一个道理是: 如果是做头傻那是成功的，做二傻也行，别成为最后的那个傻瓜就行。所以博傻理论也叫最大笨蛋理论。

创立宏观经济学的著名经济学家约翰·梅纳德·凯恩斯（1883—1946），是博傻理论的发现者。凯恩斯是一个学术研究的狂人，为了能够在经济自由的前提下潜心学术，他在1919年8月进入外汇市场。起初，他赚赚赔赔，起起落落。但很快，他就发现了博傻理论。从外汇、期货到股票，在十几年的时间里，他赚到了一生享用不完的巨额财富。

凯恩斯认为，在从事带有投机性质的决策时，要将更多的研判放在一起参与博弈的"傻子"身上。他说："成功投资者不愿将精力用于估计内在价值，而宁愿分析投资大众将来如何作为，分析他们在乐观时期如何将自己的希望建成空中楼阁。成功的投资者会估计出什么样的投资形势最容易被大众建成空中楼阁，然后在大众之前先行买入股票，从而占得市场先机。"

他举了一个例子：从100张照片中选择你认为最漂亮的脸蛋，选中有奖。当然最终是由最高票数来决定哪张脸蛋最漂亮。你应该怎样投票呢？

正确的做法不是选你认为漂亮的那张脸蛋，而是猜多数人会选谁就投她一票。这就是说，投机行为应建立在对大众心理的猜测之上。美国普林斯顿经济学教授马尔基尔，把凯恩斯的这一观点归纳为博傻理论。

毋庸置疑，期货和证券都带有一定的投机成分。比如说花钱买某只股票，鲜有人士想成为股东享受分红，而是预期有人会花更高的价钱把它买走。在这个世界上，每分钟都会诞生无数个傻瓜——他之所以出现就是要以高于你投资支付的价格购买你手上的投资品。

只要有其他人可能愿意支付更高的价钱，再高的价钱也不算高。发生这样的情况，别无他因，正是大众心理在起作用。

在 2006 年贵州兰博会上，一株叫"天逸荷"的兰花成交价高达 1100 万元。兰花之风首先起于日韩，国内几个实力雄厚的炒作者也开始联手炒作，3 万一苗购买某种珍稀品种，5 万卖给合伙庄家，再 10 万卖给另外的庄家。倒腾来倒腾去，其他人就坐不住了，逐渐卷入这场击鼓传花的游戏中。

没有人肯相信自己是最后的傻瓜。但无论如何，总有一个最后的傻瓜。随着兰花"泡沫"越吹越大，以及金融危机的影响，从 2008 年开始，兰花价格开始大跌，一盆上千万元的兰花跌到几万元都没有人要。

有个叫陈少敏的养兰世家，从事兰花生意 20 多年，一度赚了不少钱。1999 年，他眼看一种叫"奇异水晶"的兰花在三年里从 1 千元涨到 700 多万元，终于忍不住凑钱买了一株。当时，全国的奇异水晶总数还不到 100 苗，陈少敏这盆奇异水晶成了兰友们追捧的对象，几天时间就涨到了 1400 万元。面对快速变化的价格，陈少敏舍不得卖，他想等一个更高的价钱再卖出去。几天之后的 9 月 21 号，台湾花莲发生了里氏 7.3 级的大地震。曾经火热的台湾兰市瞬间崩溃了。陈少敏手里 700 多万的奇异水晶，从 50 万、30 万、20 万、几万，最后降到几千元。700 多万就在一个月里泡了汤，陈少敏成了最后那个傻瓜。

是不是当过一次傻瓜之后，陈少敏会谨慎很多呢？不是，在 2005 年一种叫"盖世牡丹"的兰花出现时，陈少敏一直没有跟风。不到两年时间，一株盖世牡丹从 7 百元飙升到 150 万元。陈少敏忍不住再次出手，买了 7 株，花了 1050 万元。陈少敏买来的盖世牡丹还没卖掉，2008 年的国际金融危机终止了这场击鼓传花。陈少敏再次成为最后买单的大傻瓜。

和兰花相似的还有普洱茶、红木家具、玉石、藏獒等。有些已经有人买单，一个诱人的口袋张开着在等待最后的傻瓜。人的内心总是贪婪的，也总是自信自己足够聪明——或许，这就是博傻游戏经久不衰的理由吧。就连通过苹果砸在头上就能发现万有引力定律的牛顿，也难以幸免。有人注册了一家空壳公司，从来没有人见过这家公司的模样，但认购时近千名投资者争先恐后，把大门都挤倒了。没有多少人相信它能真正获利丰厚，而是预期更大的笨蛋会出现，价格就会上涨，自己就能赚钱。大科学家牛顿也参与了这场投机，并且不幸成了最大的笨蛋。他因此感叹："我能计算出天体运行，但对人们的疯狂实在难以估计。"

当我没有入市的时候，发现连傻瓜都在赚钱；当我自信满满地入市后，发现自己成了比傻瓜还要傻的傻瓜——这句网上的段子，当成为每位投机者的座右铭。当你掏出真金白银去投资时，不妨冷静想一下：这是博傻游戏吗？如果是，那你就按博傻游戏的规则快进快出，别像我们例子里的陈少敏，700 万元的兰花才几天就涨到 1400 万元还不卖。暴涨时没把握机会，1050 万元的兰花暴跌时也没有把握机会抛出止损。其结局，就像段子里说的那样：炒股变股东，炒房变房东。

不做最后的接盘侠，不赚最后一个铜板。

第三章

强化自我，提升境界

你所能达到的高度与自己付出的体力、心力与智力成正比。每天收工都要在自己的山头站站，看看自己，望望他人，心有所思。是该值得骄傲还是思考，都要看你的勤奋和努力，直至生命结束，是"荡胸生层云"还是"只缘身在此山中"？是傲视群雄还是猥琐自卑，取决于心态，取决于视野，取决于细节。

约拿情结：对成功既渴望又恐惧

我们在渴望成功的过程中由于对自己期望过高会影响自己水平的发挥，那么是不是还有对成功的恐惧呢？或许你会笑了，谁会拒绝成功呢？可是研究却发现，当成功来临的时候，我们在潜意识里有一种恐惧的心理。心理学家马斯洛称这种渴望逃避，降低自己的抱负水平，渴望成长而又惧怕成长的心理倾向为"约拿情结"。

约拿是《圣经》中的一个人物。上帝要约拿到尼尼微城去替自己传话，这本是一项神圣的使命和崇高的荣誉，也是约拿平素所向往的。但等到真正的机会降临，他却不是欣然前往，而是感到一种畏惧，觉得自己不行了，想躲避即将到来的成功，想推却突然降临的荣誉。结果，约拿在几番权衡之后，最终选择了逃避，因而受到了上帝的惩罚。

很多人在面对成功的机会时，会产生一种畏惧甚至是躲避心理，美国著名社会心理学家马斯洛以"约拿情结"来概括这一现象。人们不仅躲避自己的低谷，也躲避自己的高峰。不仅畏惧自己最低的可能性，也畏惧自己最高的可能性。"约拿情结"发展到极致，就是"自毁效应"，即面对荣誉、成功、幸福等美好的事物时，总是浮现"我不配""我承受不了"的念头，最终把到手的机会放走了。

我们大多数人内心都深藏着"约拿情结"。心理学家们分析，这是因为在我们小时候，由于本身条件的限制和不成熟，心中容易产生"我不行""我办不到"等消极的念头，如果周围环境没有提供足够的安全感和机会供自己成长的话，这些念头会一直伴随着我们。

尤其是当成功机会降临的时候，这些心理表现得尤为明显。因为要抓住成功的机会，就意味着要付出相当的努力，面对许多无法预料的变化，并承担可能导致失败的风险。

毫无疑问，"约拿情结"是我们平衡自己心理压力的一种表现。我们每个人其实都有成功的机会，但是在面临机会的时候，只有少数人敢于打破平衡，认识并克服自己的"约拿情结"，勇于承担责任和压力，最终抓住并获得了成功的机会。这也就是为什么总是少数人成功，而大多数人却平庸一世的重要原因。

木桶定律：劣势会决定优势

太多的抱怨弥漫在职场：

我每个月的业绩都比他高，为什么升职的是他而不是我？

我起早贪黑地加班、加班，到头来年终奖怎么最低？

……

也许，你说的是真的，但老板做的未必就是错的。人们总喜欢拿自己的长处（优点）去与他人比较，却很少拿自己的短处（缺点）与他人比较。人在职场，往往不是一二种长处有效发挥就可以干成了，多数时候需要复合型的能力。比如你想在仕途有一番作为，恐怕不只是通过公务员考试那么简单，你还需要锻炼口才、提高修养，等等。

有一个众所周知的"木桶定律"，其核心内容为：一只木桶盛水的多少，并不取决于桶壁上最高的那块木块，而恰恰取决于桶壁上最短的那块。这个理论有点残酷，但却是事实，有点类似于我们所常见的"一票否决"。我们的职场也经常在我们察觉或未察觉中被"一票否决"了。

盛水的木桶是由许多块木板箍成的，盛水量也是由这些木板共同决定的。若其中一块木板很短，则此木桶的盛水量就被短板所限制。这块短板就成了这个木桶盛水量的"限制因素"（或称"短板效应"）。若要使此木桶盛水量增加，只有短板加长才成。

　　回到我们前面提及的那些抱怨，那个业绩很牛的老兄，是不是在团队合作或领导力上有欠缺？而那个起早贪黑的"黄牛兄"，如果没有猴子般灵活的大脑，年终奖最低似乎并不冤屈。

　　在木桶定律中，劣势会决定优势。动车要跑得快，不只是动力强劲就够。轮毂如果只能承受300公里时速的高速摩擦，这辆车无论其他方面做得多优秀，时速也不能超过300公里。没有人是全才，每个人都有很多短处。有些短处根本就不必去理会——比如一个化妆品销售员没必要花力气去搞懂飞机制造原理。而有些短处却是致命性的。例如化妆品业务员需要的是丰富的美容护理知识、良好的沟通能力、优雅的举止以及足够的勤快，等等。缺乏哪一种，本职工作都很难胜任。

　　因此，"短板"是影响你事业的致命弱点、短处、缺憾、纰漏和不足。这其中涵盖了能力、资源、性格、心态、习惯等很多方面。当你有了一个绝佳的商业创意，却苦于没有启动资金，这时，资金成了你的短板，你要努力下功夫来加长这块短板。有计划地储蓄，有目的地结识一些有可能在资金上给你提供帮助的人，这些行动你都必须去做，而且最好是未雨绸缪，不要临时抱佛脚。

　　个性上的缺点与坏习惯，也要早改。常听人这样说一个人：这个人哪，别的什么都不错，就是改不了这个臭脾气，或者说，这个人与常人格格不入不好接触，太个性！敬而远之吧！这样日久天长你就成孤家寡人了，也许你还没有意识到自己的不足。其实，这种性格的形成，已经成为你事业上致命的短板了。

　　当今的许多事业与职业，虽然越来越呈现专业化的倾向，但专业化不等于所掌握的知识与技能就很狭窄。专业化是一粒沙的话，里面也是一个大世界。因此，你要找出你专业上的"短板"，把你的事业之"木桶"加高。人非圣贤,人人都可能有"短板"。有了"短板",并不可怕,怕的是知道了,不去正视,不去改变。因而,一个真正聪明睿智的人,应当尽量补齐自己的"短板",如果实在不能补齐,也要始终对其保持警惕,遏止其发展,千万不要让其成为导致自己人生失败的致命缺点。

罗安子是某文化公司的策划副总监,擅长宣传片、广告片文案策划。公司多数优秀作品都是出自他的手。三年前,策划总监离职,罗安子就认为自己应该被扶正,可是老板居然提升了另一个同事。一年前,公司总监又出现空缺,罗安子觉得这个位子非自己莫属,但是他又一次失望了,这次老板居然找了一个"空降兵"。

罗安子一度绝望了,他考虑过离职,另谋发展。但冷静下来之后,和朋友一起仔细分析了自己迟迟未被扶正的原因:他的语言表达能力有限。原来,因为常年枯坐案头冥思苦想创意、写文案的缘故,罗安子的个性显得有点闷。擅长文字表达,但拙于语言沟通。而作为策划总监,需要经常召开脑力激荡会议——这需要一定的口才与驾驭能力。

因此,在总监这一个位置的角逐上,罗安子多半是因为自己的短板而一再败北。知道自己的短板之后,罗安子刻意多读了一些演讲与口才的书,在公司会议上也尽量多发言——这样一则能够锻炼自己,二则可以展现自己。渐渐地,他语言沟通与会议控场的能力增强了很多。

不久前,总监带队去外地开设新公司,罗安子终于被老板扶正了。

现在,你不妨也像罗安子一样,自我剖析、反省一下,列出你现在所从事的职业所需要的能力清单,找出你现在的事业短板。不要隐藏，在太阳下晾一晾自己的短处，用欣赏的眼光学习别人的长处，用苛刻的眼光审视自己的不足。然后，努力加长自己的"短板"，就能取得事半功倍的效果。

如果你有未雨绸缪的意识，最好是在加长了短板之后，还能够预计将来的发展情况，早日将自己可能出现的短板加长。那样，成功的机会会更加青睐你。

墨菲定律：不可对意外心存侥幸

简单地说，墨菲定律说的是：怕什么来什么，而且一定会来。

2003 年 10 月 2 日晚间，在哈佛大学的桑德斯戏院宣布了 2003 年度搞笑诺贝尔奖。这是自 1991 年以来的第 13 次颁奖。所有的搞笑诺贝尔奖活动均由《不可能研究的年报》（英文名首字母缩略为 AIR）评选。这次活动得到哈佛拉德克利夫科幻协会、哈佛计算机学会、哈佛拉德克利夫学生物理学会的协办。颁奖典礼中有四五位真正的诺贝尔科学奖得主到场，整个颁奖过程持续 90 多分钟，期间哄笑声不断。

这一年度的搞笑诺贝尔工程奖授予爱德华·墨菲、约翰·保罗·斯坦普和乔治·尼克斯，他们的贡献就是在 1949 年共同创立"墨菲定律"，墨菲定律将原先的基本工程法则"如果有两种或更多种方式做某事，其中一种能导致灾难，有人将会采取这种方式"，换一种方式来表述："有可能出错的事情，均会出错。"

墨菲的全名是爱德华·墨菲，生于 1917 年，职业是航空工程师。他在 1949 年参与美国空军一项火箭发射计划，测验一个人的身体对速度的增加能有多大的容忍限度。当时有两种方法可以将加速度计固定在支架上，而不可思议的是，竟然有人如此"精准"地将 16 个加速度计全部装在了错误的位置上。于是墨菲做出了这一著名的论断："任何可能出错的事都会出错。"

没有几个月，这句话就传遍了整个航天工程学界，成为科技文化领域的至理名言，后来普及成美国人的日常话语。1958 年"墨菲定律"的条目被收入《韦氏大字典》。

在英语国家有一句口头俚语，常用于诙谐地评论社会人生，流传广泛持久，就是所谓的"墨菲定律"。碰到某些日常琐事，或者遭受某种无所谓的挫折，人们通常都会自我解嘲地说："有什么办法呢？这是墨菲定律嘛！"

除了"凡是可能出错的，准会出错"这句经典的名言以外，墨菲定律还体现在：

凡是钢笔落地，总是笔尖朝下；

凡是蛋糕落地，总是奶油朝下；

凡是我喜欢的女孩，总是名花有主；

如果有可能出现几个问题，那么造成最大损害的那个将是第一个出错的；

如果一切似乎进展顺利，你显然忽略了一些东西；

在更换新的之前，你永远不会找到丢失的物品。

墨菲定律不是物理学与概率学上的定律，而是一句警句，警示人们不可心存侥幸，要尽量做好充足的准备。打个比方，你看到桌子上有把剪刀，家里又有小孩子的，就不要想着孩子在睡觉，可以等会再收拾。马上收起来，墨菲定律告诉你：因为最坏的一定会发生。

对待墨菲定律的态度也有两种：有人把它当作借口——差错难免，无能为力；另一种则把它当作警钟——时刻警惕，力保安全。其实，在差错与后果之间，还有一条最后的防线——检查。事故是可能避免的，关键在于预防。主要有以下两种方法：

1. 提升预测能力

预防离不开预测。在你动手做一件事情之前，不妨先在脑海里预览一遍过程，这就很容易发现平时注意不到的细节和可能出问题的环节。随着你的经历和经验越来越丰富，你会发现你能感知到的风险就会越来越多。

刻意的练习和思考是可以提升预知能力的，从前也许你只知道一二，随着时间的推移，你可能就能抓到七八分的程度了。

2. 增强抗压能力

不思考不准备是很轻松的，但你可能会面临无力解决当下局面的状况。特别是工作和生活上经常出现多线任务交织的情形，如果你没有准备，那可能就很容易被击倒了。

为了对抗墨菲定律描绘的情景，你会时刻考虑，提前策划。这样即使有很多麻烦事情一起出现，你也可以有条不紊地应对自如。

前期的思考可能会是一个艰难的过程，克服困难和麻烦也是很不容易的。但是你的人生已经在时时刻刻增加经验值了，今后再遇到什么不幸或是困苦，也有能力去应付了。

墨菲定律揭示的是导致不良结果的普遍性，以及人为无法阻绝所有意外的必然性。你可以从这个定律上学会小心谨慎，而不是满心悲观，认为祸事必来，就消极度日。

个人空间效应：谨防外界干扰自己的内心

相信很多男人都曾有过这样的感觉吧，如果说在同一个厕所里，站在旁边如厕的是公司里的老板或学校里的老师，恐怕会尿不痛快吧。

此外，厕所非常拥挤，在排队时也颇不平静，这是因为双方的个人空间受到侵害的缘故。

而在最低限度之下，若能确保两边都没有人站立，则不管其他的位置有没有人使用，由于能确保自己的个人空间，就能放松心情，集中精神如厕了。

搭乘拥挤的车子或电梯，虽然天气不是非常闷热，也不至于呼吸困难，但是就是有些人会觉得很不舒服。或者是在很空的电影院中，明明还有其他的座位，但若有人坐在你旁边的话，你也会产生这种不舒服的感觉。

不论是谁，大都会想象自己的身体周围，都有一个拒绝他人进入的空间，好像是一层"看不见的泡沫"似的防护罩。如果他人侵入到这个"看不见的泡沫"内侧，心里就会感到很不舒服。

这个"看不见的泡沫"就是"自我的延长"，也就是自己展现行动时，随身携带的"势力范围"。在此姑且将其称为"个人空间效应"。

关于这个个人空间，菲利普和索马进行了以下的实验。

选择目标是在图书馆的大桌前独自认真用功的女大学生。虽然其他椅子是空着的，但实验者却故意选择坐在这个女大学生旁边的座位。

最初，女大学生所采取的反应大都是共同的，也就是竖起手肘，或是用手臂抱着头，好像是缩在自己壳中的姿势；或是尽量不要看隔壁的人（实验者），身体朝向相反的方向。或是将书或背包等私人物品，摆在身体周围，好像竖立起的"栅栏"以划清势力范围的界线。

如果这样还是觉得有些别扭，甚至会挪动座位，尽量离旁人远一点。若是旁边的人有打扰的举动，30 分钟以内，有 70% 的女大学生会站起来另寻其他座位；若在不受旁边人打扰的情况下，30 分钟内会站起来的人则只有 10%。由此可知，女大学生的确产生到了相当难受的感觉。

精神医学认为人类拥有三个空间，分别为：侧面、正面与后面。侧面是属于私人色彩强烈的空间，就像要说悄悄话时，我们会坐到对方的旁边。恋人们走在街上或坐在公园的长椅上时，基本上都是并肩而坐的。换言之，允许对方进入私人色彩强烈的空间，就表示这个人是自己的"爱人"或是值得信赖的人。

正面视野的范围是交涉空间，也是对立空间。在工作时要讨论具体的内容或条件，或进行信息交换时，则一定要坐在正面。

后面则被称为死亡空间。通常没有任何的意义，但若感觉不安或有恐惧感时，一般人则会突然在意自己的背后。虽然并非时时注意背后的情况，可是只要一感觉到不安或恐惧，就会觉得背脊发凉。例如走在黑暗的巷道中，觉得"可怕"或"不舒服"的时候，就会非常在意自己的后方。虽然后方并没有人，却总会产生一种好像有人在后面追赶着自己，甚至有脚步声传来的错觉。这都是因为后面是"死亡空间"的缘故。

　　除了以上三种空间外，人类还有一个空间，就是上方的空间。上方是崇高的空间，是自己受到控制的空间。因此，我们大多数人通常会无意识地避免低头俯瞰别人。至于有些人"目空一切"当然另当别论。

　　在有些国家，如东南亚诸国，人们很忌讳被别人摸头，即使是自己的孩子也不例外。日本也有一项古老的传统，那就是如果经过睡觉的人的身旁，则绝对不可以从他的头上通过。不论古今中外，头顶上方都被视为是一个相当神圣的空间，敬请大家留意，不要去侵犯他人的"神圣空间"。

　　即使我们不知道理由何在，但都会自然地按照不同情况来选择座位。只要对照这些精神医学的研究，就会发现这些做法的确非常具有说服力。

　　个人空间会对个人的行动或精神生活等各方面造成影响。个人空间具体的大小，则会因人的性格、年龄、性别而有所不同。

　　一般而言，男性的个人空间比女性大；大人比小孩大；内向者的个人空间比外向者的大。至于对特定人物的个人空间，则因与对方关系不同而变得更大或更小。与亲密的人接触时，个人空间比较小；但对需要注意的对象或讨厌的对象，个人空间就会随之扩大。

　　街上的行人，可能会因为"擦肩而过"相碰等小事，而动用暴力。这种粗鲁型的人，其个人空间比一般人更大。

　　像我国这种人口众多的国家，要确保个人空间实在不是件容易的事情，所以，我们中国人内心设定的个人空间相对比外国人要小。

　　每天都要搭乘拥挤的交通工具上班；走在街上或百货公司、超级市场、书店等，到处都是人。一天当中，大半时间的个人空间都会遭到进入，反复过着不甚舒服的生活。

那么应该采用何种方法，使自己不稳的精神安定下来呢？这时不妨想象进入自己个人空间的人是没有生命的物品，如此就能缓和不适感。

心理衍射效应:强迫症的前兆

在挪威的一次军事演习中,诺德斯克(1895—1961)不慎负伤,导致左腿永远比右腿短2.7厘米。

那次军事演习是从深夜的紧急集合开始的,只有21岁的诺德斯克因为匆忙,穿在左脚上的鞋子的鞋带没有系紧。就在他准备重新整理鞋带时,军事演习开始了。在负伤前的一个多小时里,诺德斯克一直在想那根鞋带是否已经松开,会不会在冲锋时绊倒自己,因而无法集中注意力,导致大腿严重受伤。实际上,那根鞋带一直好好地系着。

诺德斯克根据自己的经历,提出了心理学上颇负盛名的"心理衍射论"。作为该理论基础的"细小事件衍射心理"一直是古典心理学的重要组成部分,人们将之简称为心理衍射效应。

心理衍射效应通常由琐碎的事情引起,并常见于心理健康综合指标处于中等水平的人身上。引起心理衍射效应的事情往往是最初容易被人忽略的一些细小琐事,由于情绪或者心理上的波动(例如焦虑、猜疑等心理性情绪),或者在一段时间内类似的事情发生过数次(一般在3次或3次以上),甚至可能是类似于引起"衍射心理"的事情所发生环境的重复出现,最终导致扭曲的心理漩涡,从而引起心理"断层"。

在生活中,心理衍射效应也经常发生。例如因为惦记着一个电话，和朋友出去玩时频频地翻看手机，无法专心享受旅游的乐趣；或者想着课后找人玩吃鸡游戏，根本不知道讲台上的教授在说什么；甚至隔壁班那个女孩的一次浅笑，害得你把脚下的足球传给了对方队员。这些都是心理衍射效应在左右我们的行为。

心理衍射效应之所以著名，主要因为它是强迫症的前兆或者是初期阶段。诺德斯克提出该理论后，改变了以往精神病临床诊断学上"强迫症不是渐进产生"的说法。但"衍射心理"并没有确实有效的疗法，更多地需要依靠个人自主、及时地转移注意力。

为大家推荐两种减小心理衍射效应影响的方法。

一种称为"深呼吸法"。做法是一旦脑子里反复思考某件事情时，要及时停止正在忙碌的工作，完全放松地深呼吸，然后观察周围的人或物，越细致越好，最好能够观察到这个人的饰物的光泽、衣服的褶皱等。持续大约 45 秒至 1 分钟左右，心理状态就会得到平衡。

另一种是"习惯覆盖法"。所谓习惯，心理学上的定义是"带给个体心理压力较小的行为"，因此，我们可以用习惯来暂时地覆盖心理衍射效应的引导。例如，你喜欢吃瓜子，这让你感觉放松和愉悦，那么在你发生"衍射"状况时，不妨按照你所习惯的速度嗑瓜子，使注意力逐渐转移，"衍射心理"也就不攻自破了。

格乌司原理：找到自己的生态位

俄罗斯学者格乌司曾经做过一个实验，他将一种叫双小核草履虫和一种叫大草履虫的生物，分别放在两个相同坡度的细菌培养基中。几天之后，格乌司发现，这两种生物的种群数量增长都呈 S 形曲线。

然后，他把这两种生物又放入同一环境中培养，并有控制地给予一定的食物。16 天之后，培养基中只有双小核草履虫还在自由地活着，而大草履虫却消逝得无影无踪。而这里面并不存在一种虫子攻击另一种虫子的现象，也不存在两种虫子分泌出什么有害物质。只是双小核草履虫在与大草履虫竞争同一食物时增长比较快，将大草履虫赶出了培养基。

于是，格乌司又做了一次相反的试验，他把大草履虫与另一种袋状草履虫放在同一环境中进行培养，结果两者都能存活下来，并且达到一个稳定的平衡水平。这两种虫子虽然竞争同一食物，但袋状草履虫占用的是不被大草履虫所需要的那一部分食物。

其实，即使不依赖于生物实验，我们很容易就能从自然界中发现类似的现象：即使弱者与强者共处同一生存空间，但弱者仍然能够容易地生存，而且发展势头似乎不比强者差。

简单地说，与狼相比，羊似乎是弱者。然而，自有狼以来，羊从来也没有在这个地球上消失过，仍然在生生不息地繁衍着，并且物种得到了不断的进化。从这个角度来讲，羊似乎也是赢家——羊选对了自己的"生态位"：羊是食草动物，是群居生活，而且羊繁殖得非常快。

这是一种"生态位"现象，人们把格乌司的这种发现称为"格乌司原理"。

如果要进一步解释"生态位"，那就是在大自然中，亲缘关系接近的，具有同样生活习性的物种，不会在同一地方竞争同一生存空间。假如它们在同一区域内出现，大自然也会用相对的空间把它们隔开，如虎在山上行，鱼在水中游，猴在树上跳，鸟在天上飞。

假如它们在同一地方出现，它们可能也会依赖不同的食物生存，如虎吃肉，羊吃草，蛙吃虫等。如果它们需要的是同一种食物，那么，它们的觅食时间可能也要相互错开，如狮子是白天出来觅食，老虎是傍晚出来觅食，狼是深夜出来觅食……

在动物世界里，没有两种物种的生态位是完全相同的，而一旦亲缘关系相同或非常接近的物种在同一空间出现，就会出现严酷的竞争，正所谓一山不容二虎。倘若强者进入弱者的生态领域，就会出现"龙搁浅池受虾戏，虎落平阳遭犬欺"的状况。

倘若弱者进入强者的生态领域，就会出现大鱼吃小鱼、小鱼吃虾米的情况。所以，强者也只有在自己的生态位上才是强者，弱者也只能在自己的生态位上才能自由自在地存活下来。

生态位法则对所有生命现象而言，基本上具有普遍性的特点，也就是说，它不仅适用于生物界，同样适用于人类社会。在企业经营中，只有找对自己的"生态位"，才能避免同一市场空间内的残酷竞争，找到适合企业自身的生存发展之道。

在现实中，许多企业家在总结自身成功与失败的经验时，常常喜欢从资金、产品、市场来寻找原因，而极少有企业家从生态位的角度来寻找原因。

根据格乌司原理，当一个企业的市场定位与其竞争对手雷同时，必然就会面对激烈的竞争，要想生存就会变得非常不容易。所以，对一个企业家来说，从战略上选择正确的生态位就会变得特别重要。

竞争是大自然的生存法则，正如一个童话故事所说的：非洲大草原的动物，太阳一出来，它们就开始奔跑。

狮子妈妈教育她的孩子："孩子，你必须跑得快一点，再快一点，你要是跑不过最慢的羚羊，你就会饿死。"

在另一场地上，羚羊妈妈也在教育自己的孩子："孩子，你必须跑得快一点，再快一点，如果你不能比跑得最快的狮子还要快，你就要被它们吃掉。"

美国商界有句名言："如果你不能战胜对手，就加入他们中间去。"现代竞争，不一定是"你死我活"，而是更高层次的竞争与合作。现代企业追求的不再是"单赢"，而是"双赢"和"多赢"。

错开生态位的主要途径是运用自身的优势形成自己的特点：某市的一条长不足 1000 米的大街上就有几十家饭店，这些饭店生意都不错，这是为什么呢？这是因为他们都形成了自己的特色，彼此之间错开了生态位。

有这么一个寓言故事，有两只老虎，一只被关在笼子里，三餐无忧；一只在野外，自由自在，两只老虎经常亲切交谈。笼子里的老虎总是羡慕外面老虎的自由，外面的老虎却羡慕笼子里的老虎生活安逸。

有一天，一只老虎对另一只老虎说："咱们换一换位置吧！"另一只老虎同意了。于是，笼子里的老虎返回了大自然，野外的老虎走进了笼子。从笼子里走出来的老虎高高兴兴，在旷野里拼命地奔跑；走进笼子里的老虎也十分快乐，它不再为寻找食物而发愁。

但不久之后，两只老虎都死了。原因是从笼子中走出的老虎获得了自由，却没有同时获得捕食的本领，饥饿而死；走进笼子的老虎虽然得到了安逸，却没有获得在狭小空间生活的心境，忧郁而死。

所以，每一个人或每一个企业都可能有其独特的生态位。离开了自己的生态位，优势就可能丧失殆尽。受生态位的影响，人与人之间、企业与企业之间暂时可能会存在难以逾越的巨大差异。

这种差异把人或者企业依据能力大小和实力强弱排列在生存链上，就好比自然界里的等级序列一样。作为一个企业，谁都不愿意自己和自己的企业成为弱者，成为羊，都希望自己能由羊变成狼，由狼变成狮。然而，当目前的实力决定了你的最佳的生态位是成为一只羊时，就千万不要梦想自己一夜之间就能成为狼、成为狮子。

不能成为全球500强，成为中国500强或者行业500强也不错，不能成为中国第一，成为全市第一或者行业第一也是好事！一个暂时没有能力与大企业抗衡的中小企业，就不要去充当老虎的角色，而要甘心做一只猴子。

猴子的优势是灵活。比如温州、宁波等地的中小企业，他们的经营思维就是："既然是小船，就不要到大海中去同大船争着捕小鱼，而要在小河里捕大鱼。"

与其在一个很大的市场占有很小的市场份额、赚取较少的利润，远不如在一个较小的市场占有很大的市场份额，赚取较高的利润。这也是被称为"隐形冠军"的很多美国公司的生存之道。所以，能力有大小，实力有强弱，不能做老虎，做一只猴子也行。

马太效应：成功更是成功之母

马太效应出自《圣经》中的一个故事：一个国王远行前，交给三个仆人每人一锭银子，吩咐他们："你们去做生意，等我回来时，再来见我。"

国王回来时，第一个仆人说："主人，你交给我们的一锭银子，我已赚了 10 锭。"于是国王奖励他 10 座城邑。第二个仆人报告说："主人，你给我的一锭银子，我已赚了 5 锭。"于是国王奖励了他 5 座城邑。第三个仆人报告说："主人，你给我的一锭银子，我一直包在手巾里存着，我怕丢失，一直没有拿出来。"于是国王命令将第三个仆人的一锭银子也赏给第一个仆人，并且说："凡是少的，就连他所有的也要夺过来。凡是多的，还要给他，叫他多多益善。"

简而言之，马太效应说的是"赢家通吃"。

我们都知道：任何个体、群体或地区，一旦在某一个方面（如金钱、名誉、地位等）获得成功和进步，就会产生一种积累优势，就会有更多的机会取得更大的成功和进步。强者总会更强，弱者反而更弱。

"失败是成功之母"——从小开始，我都将这句名言奉为圭臬。实际上，成功更是成功之母。人们会根据你过去的业绩来评判你的能力与信誉。人生旅途"屡败屡战"，意志力固然可嘉，但能力与信誉会伴随一再的失败而受到质疑。老是失败，别人很难有信心与你再合作。

日常生活中"马太效应"的例子比比皆是：朋友多的人，会借助频繁的交往结交更多的朋友，而缺少朋友的人则往往一直孤独；名声在外的人，会有更多抛头露面的机会，因此更加出名；容貌漂亮的人，更引人注目，更有魅力，也更容易讨人喜欢，因而他们的机会比一般人多，有时一些机会的大门甚至是专门为他们敞开的，比如当演员、模特；一个人受的教育越高，就越可能在高学历的环境里工作和生活。

一次，某大学的一群同班同学聚会。他们中有的成了博士、教授、作家，有的当了处长、局长，有的成了公司老总，也有下岗分流的，给私人小老板打工的，还有赔本欠债的。

当年一个课堂里听讲的学生如今差别这么大，有些人不服气，说当初毕业的时候，大家学问、本事都差不多，可有的人机遇好，就上天；有的人机遇差，就入地——这世道太不公平。

被邀请来参加聚会的班主任听了这些抱怨，只是微然一笑，给这群当年的弟子出了一道题：10-9=？

老师见学生一个个直眉瞪眼，便说："你们会打保龄球吗？保龄球的规矩是，每一局十个球，每一个球得分是0至10。这10分和9分的差别可不是1分。因为打满分的要加下一个球的得分，如果下一个球也是10分，加上就成了20分。20与9的差别是多少？如果每一个球都打满分，一局就是300分。当然，300太难，但高手打270、280却是常有的。假如你每一个球都差一点，都是9分，一局最多才90分。这270、280与90的差距是多少？"

老师继续发挥："排除别的因素不谈，你们当初毕业的时候，差别也就是10分与9分，不大。但是，这以后，有的人继续十分地努力，毫不松懈，十年下来，他得多大成绩！如果你还是九分八分地干，甚至四分五分地混，十年下来，你得拉下多大距离？可不就是天上地下吗？"

人们喜欢说：失败是成功之母。这句话有一定道理，但不是绝对的。如果一个人屡屡失败，从未品尝过成功的甜头，还会有必胜的信心吗？还相信失败是成功之母吗？

在一本名为《超越性思维》的书中，提出了"优势富集效应"的概念：起点上的微小优势经过关键过程的级数放大会产生更大级别的优势累积。从中可以看出起点对于整件事物的发展，往往超过了终点的意义，这就像在100米赛跑的时候，当发令枪响起的时候，如果你比别人的反应快几毫秒，那么，可能你就能夺得冠军。

事实上，马太效应使成功有倍增效应，你越成功，你就会越自信，越自信就会使你越容易成功。成功像无影灯一样，不会给人心灵上投下阴影，反而会满足他们自我实现的需要，产生良好的情绪体验，成为不断进取的加油站。

而与此相反，失败会使人更加灰心丧气，离成功越来越远。因为一个人遇到一次挫折和失败，马上就会受到上司的轻视、朋友的疏远和亲人的责怪，使得他的自信荡然无存，产生破罐子破摔的心态，放任自己，产生恶性循环，要想翻身必须付出比别人多几倍的努力。

当然，提倡"成功更是成功之母"并不是反对人们从失败中学习。"失败是成功之母"对于抗挫折能力强的成年人来说，可能是正确的，但对于心智尚未成熟、意志还很脆弱的中小学生来说，并不那么适用。

对孩子而言，"成功更是成功之母"的教育方法可能更适合他们的发展。成功的教育使人走向成功，失败的教育使人走向失败。即使是天才，也需要成功的机会来塑造。

成功的教育像无影灯一样，不会给孩子心灵上投下阴影，反而会满足他们自我实现的需要，产生良好的情绪体验，成为不断进取的加油站。

当一名学生取得成功后，因成功而酿造出的自信心，促使他能取得更好的成绩。随着新成绩的取得，心理因素再次得到优化，从而形成了一个不断发展的良性循环，让他不断进步直至成功。

荷塘效应：坚持到临界点

"荷塘效应"说的是：假设第一天，池塘里有一片荷叶，1 天后新长出两片，2 天后新长出四片，3 天后新长出八片，可能一直到第 46 天，我们看到池塘里大部分水面还是空的，而令人瞠目结舌的是，到第 47 天荷叶就掩盖了半个池塘，又过了仅仅 1 天，荷叶就掩盖了整个池塘。

在 47 天的"临界点"之前，信息可能都处于缓慢的滋长期，难以引起人的注意，而一旦到了最后一天，瞬间爆发，其影响力将让人瞠目结舌。

例如在业务拓展中，前面的辛苦可能都是细小的铺垫或者造势，但最后的签约往往都是很短的时间就成功了，如果不能坚持下去，很可能就在成功前一刻放弃了。

俗话说"行一百半九十"也是这个道理，行了九十里路了，还有十里路往往是成功的关键，但有时候往往在最后关键的一步就放弃了。

据说，世界上只有两种动物能够登上金字塔塔顶，一种是老鹰，一种是蜗牛。它们是如此不同，老鹰矫健、敏捷；蜗牛弱小、迟钝，可是蜗牛仍然与老鹰一样能够到达金字塔顶端，它凭的就是永不停息的执着精神！

"日拱一卒"的大意是：每天像个卒子一样前进一点点。"功不唐捐"是佛经里的话，"唐捐"的意思是白费了，泡汤了，而"功不唐捐"是指努力绝不白费，绝不泡汤！

朱学勤先生说过一句话：宁可十年不将军，不可一日不拱卒。四川学者冉云飞，身体力行，"日拱一卒"的习惯数载不辍，其涉猎之广鲜有人及，可谓学富五车。其博客坚持每日更新，更是网络一大亮点。要想有水滴石穿的威力，就必须有连绵不断的毅力。一个人的努力，可能在你看不见想不到的时候，会在看不见想不到的地方生根发芽，开花结果。

如果你能为了自己的梦中大厦，一块一块地捡砖头，相信你的未来将不只是梦。

斧头虽小，但经多次劈砍，终能将一棵最坚硬的橡树砍倒。

在20世纪50年代，日本生产的各种商品急需摆脱劣质的国际恶名，多次请美国的企业管理大师开药方。美国著名的质量管理大师戴明博士就多次到日本松下、索尼、本田等企业考察传经，他开出的方子非常简单——"每天进步一点点"。日本的这些企业按照这个要求去做，果然不久就取得了质量的长足进步，使当时的"东洋货"很快独步天下。现在日本先进企业评比，最高荣誉奖仍是"戴明博士奖"。如果你期冀成才，渴望成功，用心体味戴明博士的方法会受益终身。

每天进步一点点，听起来好像没有冲天的气魄，没有诱人的硕果，没有轰动的声势，可细细地琢磨一下：每天，进步，一点点，那简直又是在默默地创造一个意想不到的奇迹，在不动声色中酝酿一个真实感人的神话。

让我们回到荷塘。荷叶每天会增长一倍，假使48天会长满整个荷塘，请问第45天，荷塘里有多少荷叶？答案要从后往前推，即有

1/8 荷塘的荷叶。这时，你站在荷塘边，会发现荷叶是那样的少，似乎只有那么一点点，但是，第 46 天就会有 1/4 荷塘的荷叶，第 47 天就会有 1/2 荷塘的荷叶，第 48 天就会长满整个荷塘。

正像荷叶长满荷塘的整个过程，荷叶每天变化的速度都是一样的，可是前面花了漫长的 46 天，我们能看到的荷叶都只有那一个小小的角落。在追求成功的过程中，即使我们每天都在进步，然而，前面那漫长的"46 天"因无法让人"享受"到结果，常常令人难以忍受。人们常常只对"第 47 天"的曙光与"第 48 天"的结果感兴趣，却忽略了前面"46 天"细微的进步、努力与坚持。

聚沙成塔，集腋成裘。大厦是由一砖一瓦堆砌而成的，比赛是由一分一分的成绩赢得的。每一个重大的成就，都是由一系列小成绩累积而成。如果我们留心那些貌似一鸣惊人者的人生，就会发现他们的"惊人"之处并非一时的神来之笔，而是缘于事先长时间的、一点一滴的努力与进步。成功是能量聚积到临界程度后自然爆发的结果，绝非一朝一夕之功。一个人眼界的拓展，学识的提高，能力的长进，良好习惯的形成，工作成绩的取得，都是一个持续努力、逐步积累的过程，是"每天进步一点点"的总和。

每天进步一点点，贵在每天，难在坚持。"逆水行舟用力撑，一篙松劲退千寻。"要想"每天进步一点点"，就要耐得住寂寞，不因收获不大而心浮气躁，不为目标尚远而情疑动摇，而应具有持之以恒的韧劲；要顶得住压力，不因面临障碍而畏惧退缩，不为遇到挫折而垂头丧气，而应具有攻坚克难的勇气；还要抗得住干扰，不因灯红酒绿而分心走神，不为冷嘲热讽而犹豫停顿，而应有专心致志的定力。

洛杉矶湖人队的前教练派特·雷利在湖人队最低潮时，告诉 12

名队员："今年我们只要求每人比去年进步 1% 就好，有没有问题？"
球员一听："才 1%，太容易了！"于是，在罚球、抢篮板、助攻、抄
截、防守五方面每个人都有所进步，结果那一年湖人队居然得了冠
军，而且是最容易的一年。

不积跬步，无以至千里。让自己每天进步 1%，只要你每天进步
1%，你就不必担心自己无法快速成长。

在每晚临睡前，不妨自我反思一下：今天我学到了什么？我有
什么做错的事？有什么做对的事？假如明天要得到理想中的结果，
有哪些错绝对不能再犯？

反思完这些问题，你就会比昨天进步 1%。无止境的进步，就是
你人生不断卓越的基础。

你在人生中的各方面也应该照这个方法去做，持续不断地每天
进步 1%，长期下来，你一定会有一个高品质的人生。

不用一次大幅度地进步，一点点就够了。不要小看这一点点，
每天小小的改变，积累下来就会有大大的不同。而很多人在一生当
中，连这一点进步都不一定做得到。人生的差别就在这一点点之间，
如果你每天比别人差一点点，几年下来，就会差一大截。

如果你将这个信念用于自我成长上，百分之百会有 180 度的大
转变，除非你不去做。

不积跬步，无以至千里。人生恰恰像走在一条长长的马拉松跑
道上，只要一步一步地向前，总能达到终点。

比较优势：别自我菲薄

小诺已经进公司三年了，一直默默无闻。再看看和她一起进公司的同事们，无论是销售业绩，还是在处理事务性工作上，都要比她技高一筹。不久前，一位同事还因为业绩突出而升任区域经理。感觉处处不如同事的小诺感到十分沮丧，甚至萌发了辞职的想法。

经济学告诉我们，每个人都有自己的"比较优势"。即使所有工作都不如对方，只要你能够找到自己的"比较优势"，认真去做力所能及的事情，就一定可以找到自己的位置。

比较优势是指：如果一个国家在本国生产一种产品的机会成本（用其他产品来衡量）低于在其他国家生产该产品的机会成本的话，则这个国家在生产该种产品上就拥有比较优势。比较优势是国际贸易学中的重要概念，现在广泛地用在各种竞争合作的比较当中。比如，城市的功能定位，国际的经济合作，求职者之间的能力比较，职场人士的优胜劣汰……任何可能发生比较和差异的地方都能用到比较优势原理。

陈嘉渊，2002年毕业于北大历史系，同年进入广州宝洁有限公司客户生意发展部，相继担任重点客户经理和区域经理。2004年加入壳牌中国有限公司工业油品部担任重点客户经理。目前就职于嘉吉投资（中国）有限公司谷物油籽供应链，主要从事谷物市场研究和金融市场套保、投机等领域的工作。

"读史使人明智"，与陈嘉渊的谈话，让我越来越发现：四年的历史学习给了他过人的智慧。从没有什么专业优势却成功进入宝洁公司，到这几年事业的蒸蒸日上，陈嘉渊说，他的秘诀是发挥历史学的比较优势。

对于历史学的"比较优势"，陈嘉渊有着自己的深刻理解：一般来说公司可能会比较多地用一些具有经济管理背景的人，但这虽然有利于实现专业化，但却有可能导致公司内部"经济学帝国主义"的泛滥。因为经济学更多地强调普遍性，它会尝试着归纳一些规律，比如银行利率下降，股票就会上涨，银行利率上升，股票就会下跌，学经济的人通常会这样思考问题。但我们也经常发现，银行利率的升降和股票的涨跌有时候是没有必然关系的。这是一种普遍规律之外的特殊性，而历史性的思维方式往往更强调对于特殊性的关注。历史学可能会研究在某一个时段，甚至某一天，股票的涨跌是由哪些独特的原因引起的，比如当天的天气如何，当天的报纸上会有哪些新闻，这些新闻对人的心理会有怎样的影响……他说，这是用非常微观的、非常具体细致的视角来分析问题，这种具体的分析往往具有独特的说服力。陈嘉渊还透露，在面试的时候他也是充分强调了历史专业的比较优势。

陈嘉渊现在的工作很重要的一部分，就是从历史学的角度出发分析和预测粮油市场的价格变化。做了历史学分析最后才会把经济学的供给需求理论加入他的分析框架中。这一视角独特的分析报告，往往让人眼前一亮。陈嘉渊无不自豪地认为"这也是历史性地分析问题时的独特优势"。

一个人要想在职场中脱颖而出，需要利用好比较优势。就像当年田忌赛马，自己的上中下三匹马都不如人，但他用上马对他人中马、中马对他人下马、下马对他人上马，三局两胜，赢定乾坤。许多人或许都明白这个道理，但在审视自己的比较优势时，常常会碰到一个困惑：看不到自己具有任何过人之处，认为自己平淡无奇，甚至一无是处，而看别人却觉得对方充满了闪光点。为什么会这样？因为人们最容易忽视的往往就是自身的优势，有时甚至把优势看成自己的缺陷，真是身在福中不知福。

一名具备职业化思维方式的职场人士，必须结合优势来挖掘自身的潜力。以微软为例，是什么造就了微软今日的辉煌？是什么造就了微软精英的成功？不是因为微软的员工每个都是全才，相反，微软雇用的员工中"专才""偏才"比较多，但是微软以及这些员工本身，都懂得放大自己的比较优势，"人尽其用"，发挥最大效益。每个人优势最大化为企业带来了最佳效益，也为个人奠定了成功的基础。

二八定律：做事抓住关键

二八定律又名帕累托定律，也叫 80/20 定律、最省力的法则、不平衡原则等，是 19 世纪末 20 世纪初意大利经济学家帕累托提出的。他发现：在任何一组东西中，最重要的只占其中一小部分，约 20%，其余 80%尽管是多数，却是次要的。习惯上，二八定律讨论的是顶端的 20%，而非底部的 20%。80%的社会财富，即生意中，20%的顾客带来 80%的利润；社会中，20%的人群拥有 80%的财富；在职场里，20%的员工创造了 80%的利润……种种事例表明，二八定律时刻影响着我们的生活，然而我们对此却知之甚少。

弗兰克·贝特格是美国保险业的巨子，他讲述了自己的故事：

很多年前，我刚开始推销保险时，对工作充满了热情。后来，发生了一些事，让我觉得很气馁，开始看不起自己的职业并打算辞职——但在辞职前，我想弄明白到底是什么让我业绩不佳。

我先问自己："问题到底是什么?"我拜访过那么多人，成绩却一般。我和顾客谈得好好的，可是到最后成交时他却对我说："我再考虑一下吧!"于是，我又得花时间找他，说不定他会改变主意。这让我觉得很沮丧。

我接着问自己："有什么解决办法吗?"在回答之前，我拿出过去 12 个月的工作记录详细研究。上面的数字让我很吃惊：我所卖的保险有 70% 是在前 3 次拜访中成交的；另外有 23% 是在 4～6 次拜访成交的；只有 7% 是在 7～9 次拜访才成交的，而 10 次以上的拜访客户没有一个成交。而我，竟把一半的工作时间都用在 11 次之后的拜访。这个发现让我激动不已，又燃起了创造佳绩的激情，把辞职的事也抛到九霄云外去了。

该怎么做呢？不言自明：我应该立刻停止第 6 次仍未成功的拜访，把空出的时间用于寻找新顾客。执行结果令我大吃一惊：在很短的时间内我的业绩上升一倍。

这就是了解并运用二八定律后带来的改变。弗兰克发现自己一半的精力和时间都浪费在效益并不明显的 7% 上与 0% 上，所以业绩并不突出。二八定律提醒我们：集中精力做好最重要的事情，避免把时间和精力花费在琐事上，要学会抓主要矛盾。一个人的时间和精力都非常有限，要想真正"做好每一件事情"根本不可能，要学会合理分配我们的时间和精力。与其面面俱到，不如重点突破——把 80% 的资源花在最能出效益的 20% 方面，这 20% 方面又能带动其余 80% 的发展。

二八定律指出：在原因和结果、投入和产出以及努力和报酬之间，存在着一种不平衡关系。它为这种不平衡关系提供了一个非常好的衡量标准：80% 的产出，来自 20% 的投入；80% 的结果，归结于 20% 的起因；80% 的成绩，归功于 20% 的努力。

在工作中，你不妨活学活用二八定律，其具体步骤如下：

首先，系统分析你的工作内容，找出你的工作绩效的 80% 来自何处——也就是说找到最值得下功夫的 20%。

其次，制定计划，合理分配时间，将 80% 的精力放在最值得下功夫的 20% 上。其他 20% 的时间用来处理琐事。

　　最后，按照计划开始行动，注意坚持，不要被那些收益不大的琐事缠住手脚、消耗时间。

　　——如是，你就会成为一个高效率人士！

安全阀效应：将压力释放出去

安全阀原本是附在压力容器上的一种装置，如果容器内压力高于其能够承受的压力时，就放掉一些气体，以防止容器爆炸。政治心理学把安全阀的原理运用于社会生活，让人们的不满情绪通过社会认同的、比较平和的渠道和方式发泄出来，以维持社会的相对稳定和防止社会秩序的混乱。在思想政治工作中自觉地运用安全阀效应，可以消减群众的不满情绪，有效地防止社会矛盾和冲突的升级与激化。

在国外，安全阀效应在社会生活中运用得相当广泛。为了使人们的内心感情与外界刺激趋于平衡，去病免灾，防患于未然，国外各种类型的泄气服务中心应运而生。在美国有一种专门为在现实生活中受到各种难以忍受的压力，想发泄而不能直接发泄的人设立的泄气服务中心。

渥太华有一个"安慰热线"。当一个人遇到生气、烦恼的事，便可以给"安慰热线"拨打电话。那里日夜值班的服务员会耐心地听完你的诉说，并适时地进行安慰和开导。日本的一些大公司都设有"泄气室"。牢骚满腹、怒气冲天的人跨入室内，迎面是一排各式各样的哈哈镜。这些人虽然心中不快，但从镜中看到自己古怪、奇特的模样，都会忍俊不禁。

国外流行一种新的宣泄情绪的机构，即心理宣泄室。这种心理宣泄室面积约有 10 平方米，窗户被厚厚的窗帘严严地遮住，四周的墙体被厚实海绵包成了软墙体，屋子中间竖着两个可供人击打的橡胶人，整个宣泄室的地面则铺着厚厚的蓝色地毯。这种最早出现在欧美和日本等地的橡皮人，身上可贴上讨厌的人的姓名，专供前来体验者痛打，宣泄不良情绪，效果较好。现在，中国的一些企业和社会活动中心也引进了这种宣泄室。

当代人普遍存在种类不一、程度不同的心理问题，主要表现为抑郁和焦虑。多数人理想和现实出现落差，人际关系不好处理，或者面临一些情感困惑。有的人面临就业困难或者就业后薪水不理想的现实，而学生的压力则更多来自学习的紧张，对未来的迷茫与不安等。

平时比较宽容、大度，遇事可以迅速自我调节的人，就不用做心理宣泄了。对长期焦虑、失眠、多梦的人，将其引进心理宣泄室，通过宣泄的方式排解压力，探求情绪低落的原因，再对症治疗。

1. 允许发泄

发泄，在心理学上是指人的郁结情绪能量的释放。这是人类情绪自我调节的一种正常现象。任何一个人都有自己的独立人格，独立价值。由于所处的环境和地位不同，看问题的方法和角度不同，因而对问题的认识不会与社会倡导的价值取向完全一致。加之社会生活复杂，每个人都会碰到不尽如人意的事，这就会加重人们的心理负荷。

在这种情况下，人们总会寻求发泄的场所和方式。对于干部和群众的怨气和不满，思想政治工作者要想方设法让他们发泄出来。让他们说，说错了也不要紧，然后选择适当的时机和方式，进行引导和教育。不然，就会像阀门堵塞的压力锅一样，等到了一定程度就会爆炸。

2. 引导升华

心理学的研究表明，人有多种需要，既有低层次的基本需要，如吃、穿、住、行和安全；也有高层次的需要，如交往、尊重、事业、理想等。人一旦拥有了较高层次的需要，就会抑制低层次的需要。思想政治工作者通过强有力的思想疏导工作，把人的需要由较低层次引向较高层次，就是升华。目前，干部和群众意见较大的，总体看来大多是些基本需要，如住房，分配不公等。当然，这些需要，如果是合理的，就应努力去满足；满足不了的，要做耐心地解释和说明；对一些不正当的、无理的需要也不能迁就，而要进行说服教育，让他们放弃这些不现实的需求，引导群众从较低层次的需要向较高层次的需要升华。

青蛙效应：提防人生"安乐死"

19世纪末，美国康奈尔大学曾进行过一次著名的"青蛙试验"。

他将一只青蛙扔进装满50度热水的大锅里，青蛙触电般地立即窜了出去。后来，他又把一只青蛙放在一个装满凉水的大锅里用小火慢慢加热。水温缓慢的增加，青蛙优哉游哉。直到水温升到40多度，青蛙难以忍受想跳，但此时已经失去跳的力量了。水温还没有到50度，青蛙就死了。

你或许知道"青蛙效应"，但那只"青蛙"你见过吗？其实，在人生旅途中，有些人又何尝不是在温水中安逸麻木，最后变成了那只被烫死的青蛙呢！

表面上看，环境适应、岗位熟悉对开展工作是有益的。但只要进行深入思考，我们就会明白：如果目光总停留在昨天的适应上，看不到今天的"不适应"、明天的"新危机"，浑浑噩噩过日子，长此下去，就难以逃脱"温水青蛙"的命运，就会在浑然不觉中舒舒服服地被烫死。

在一种环境下工作的时间太久了，难免会产生一种现象：被环境所同化，使得你没有上进心和适应能力，而只能适应目前的环境。有研究显示，在同一个岗位上工作了差不多3年之后，工作环境就会产生类似的"温水青蛙效应"：环境和同事都非常熟悉，工作也基本没有太多挑战，可以说是安逸稳定，也可以说是止步不前。虽然目前的工作看起来似乎难度不高，也知道这种状态持续下去的危害，但却没有接受更高挑战的勇气。面对这种情况，你就要提高警惕了。否则，很可能对你以后的职业生涯规划产生较大的负面影响。

检视一下自己工作的环境，看看它是不是一口充满危险的温水锅？或许笼而统之很难看得出来，不妨从以下这几个角度来审视：

首先，专业技能。工作里涉及专业技能的内容不多，或者即便有，也来来去去就是那么一点，已经非常熟悉，也没有多少新鲜的。

其次，所处行业。身处夕阳行业——你还在纸媒体吗？电脑与移动终端正以光速摧毁这个行业。除纸媒体之外，还有哪些行业情景堪忧？

再次，职位待遇。多年以来，职位或待遇都没有什么明显的变化。或许几年前你和同龄人相比，工资待遇都是令人羡慕的，但是几年下来，人家纷纷从媳妇熬成了婆，你却还在原地踏步。即便你的待遇仍然过得去，那无形之中同比也是在下降的。或许你还可以设想一下，再过五年七年，情况又会如何？

最后，人际关系。你和同事们（包括工作拓展出来的人际关系网络）都已经认识了很多年，但是要好的却始终只有那么两三个。甚至单位领导对你也没有格外清晰的印象，若有升迁变动的机会也想不起你来。

以上四点，你身上若有三点，则证明你正处于温水之中。如果四点占全，说明这盆温水已经烧到危险的温度了！

对于职场温水中的"青蛙"族来说，温水并不是最可怕的，最可怕的是身处其中而不自知，混混沌沌，稀里糊涂。只要能随时保有自省的意识，保持清醒的头脑，有敏感度和警惕性，即便在温水中，也不是世界末日。可以从以下四个方面去思考一下解决之道：

第一，找出明确的发展方向。对于现状看不清楚、迷茫踌躇，在很大程度上都是因为对未来没有一个非常明确的规划，也不清楚自己希望往什么方向发展。人无远虑，必有近忧。可以计划一下你五年之后希望变成什么状态，看看按现状走有没有可能发展到那一步。

第二，保持良好的学习习惯。不断地学习会让我们意识到身边的危险和可能会出现的变化，让我们开阔视野，而不是只囿于自己现有的知识半径，原地踏步。这一点在所有的职位上都是共通的，哪怕是公认的温水环境。特别要提醒的是，不要等到工作有需要才想到要去学习，而要把学习当成主动的目标，没事的时候哪怕练练外语也是好的。

第三，努力拓展人际关系。职场圈子在很大程度上来说依赖于人际关系圈子。敞开自己的心，多认识些朋友，很有可能会给你带来意想不到的机会。

第四，必要的以退为进。如果真的下决心要摆脱"温水"状况——无论是寻找全新的职场机遇，还是在现有的环境下做出改变，做好忍受适度退让的心理准备。这种退让有可能是待遇上的降低，工作内容上的变动等，不一而足。如果暂时的后退能换来更大的前进，那么就是值得的。

第四章

赢得博弈，占据主动

笑傲江湖里说：有人的地方就有江湖，人就是江湖，你怎么退出？

是的，我们处在这个纵横交错的世界中，无时无刻不得不与别人合作。此时，要想做赢家，完全有必要学点博弈论。博弈论是一种研究"互动决策"的理论，也就是说，你在做决策的事必须将他人的决策纳入考虑之中，当然也需要把别人对于自己的考虑也纳入考虑之中……在如此迭代考虑斟酌之后，选择最有利于自己的战略。

囚徒困境：你最好当规则的制定者

1950 年，数学家塔克任斯坦福大学客座教授，在给一些心理学家作讲演时，讲到两个囚犯的故事——

有两个小偷甲、乙联合犯事，私入民宅被警察抓住。警方将两人分别置于不同的房间内进行审讯，对每一个犯罪嫌疑人，警方给出的选择是：

A：如果一个犯罪嫌疑人坦白了罪行，交出了赃物，于是证据确凿，两人都被判有罪。如果另一个犯罪嫌疑人也坦白了，则两人各被判刑 8 年。

B：如果另一个犯罪嫌疑人没有坦白而是抵赖，则以妨碍公务罪（因已有证据表明其有罪）再加刑 2 年，而坦白者有功被减刑 8 年，立即释放。

C：如果两人都抵赖，则警方因证据不足不能判两人的偷窃罪，但可以私闯民宅的罪名将两人各判入狱 1 年。

三种可能，三个选择，足以让身在其中的囚徒绞尽脑汁，寝食难安。

如同经济学中的其他例证，我们需要假设这两人都是理性的经济人，他们都寻求最大自身利益，而不关心另一个参与者的利益。

现在，这两个囚犯该怎么办呢？是选择相互合作还是相互背叛？从表面上看，他们应该相互合作，保持沉默，因为这样，他们俩将得到对双方来说都是最好的结果——只获刑 1 年。但是，由于信息被封闭，两人无法交流，而他们又不得不考虑对方可能采取的选择。由于甲、乙两人都寻求自身最大利益，所以他们都会优先考虑如何才能减少自己的刑期，至于同伙被判多少年已经顾不上了。

甲会这样推理：假如乙不招，我只要一招供，马上就可以获得自由，而不招却要坐牢 1 年，显然招比不招好；假如乙招了，我若不招，则要坐牢 10 年，他却获得了自由，而我招了也只坐 8 年，显然还是招了好。可见无论乙招与不招，甲的最佳选择都是招供，所以还是招了吧。

于是，甲知道该怎样做了。但是，别忘了：相同的逻辑对另一个人也是同样适用的。因此，乙也会毫不犹豫地选择背叛——也就是招供。

这样一来，甲、乙两人都选择招供，这对他们个人来说都是最佳的决定，即最符合他们个体理性的选择。而他们各自最理性的选择，给他们带来的并非最佳结果（自由），也非较佳结果（1 年刑期），而是比最坏结果（10 年）要略好的结果（8 年刑期）。顺便提一下，这两人都选择坦白的策略以及因此被判 8 年的结局被称作是"纳什均衡"（也叫非合作均衡）。所谓纳什均衡，指的是参与人的一种策略组合，在该策略组合上，任何参与人单独改变策略都不会得到好处。换句话说，如果在一个策略组合上，当所有其他人都不改变策略时，没有人会改变自己的策略，则该策略组合就是一个纳什均衡。纳什均衡是博弈论的一个重要概念，以普林斯顿大学数学博士生约翰·纳什命名。

并非一定要触犯刑法，才会深陷极为被动的囚徒困境中。事实上，在我们的工作与生活中，类似的囚徒困境并不少，人为地制造囚徒困境（而自己充当警察）来保证自己利益的事也屡见不鲜。哈佛大学巴罗教授曾提出的著名的"旅行者困境"，可以为我们提供一个视角——

　　两个旅行者从一个以出产细瓷花瓶著称的地方旅行回来，他们都买了花瓶。提取行李的时候，发现花瓶被摔坏了，于是他们向航空公司索赔。航空公司知道花瓶的价格大概在八九十元的价位浮动，但是不知道两位旅客买的时候的确切价格是多少。于是，航空公司请两位旅客在100元以内自己写下花瓶的价格。如果两人写的一样，航空公司将认为他们讲真话，就按照他们写的数额赔偿；如果两人写得不一样，航空公司就认定写得低的旅客讲的是真话，并且原则上照这个低的价格赔偿，同时，航空公司对讲真话的旅客奖励2元钱，对讲假话的旅客罚款2元。

　　就为了获取最大赔偿而言，本来甲乙双方最好的策略，就是都写100元，这样两人都能够获赔100元，可是不，甲很聪明，他想：如果我少写1元变成99元，而乙会写100元，这样我将得到101元。何乐而不为？所以他准备写99元。

　　可是乙更加聪明，他算计到甲要写99元，于是他准备写98元。想不到甲还要更聪明一个层次，估计到乙要写98元来坑他，于是他准备写97元——大家知道，下棋的时候，不是说要多"看"几步吗，"看"得越远，胜算越大。

　　你多看两步，我比你多看三步，你多看四步，我比你多看五步。在花瓶索赔的例子中，如果两个人都"彻底理性"，都能看透十几步甚至几十步上百步，那么上面那样"精明比赛"的结果，最后落到每个人都只写一两元的地步。事实上，在彻底理性的假设之下，这个博弈的结果是：两人都写0元。

是的，在博弈中，最好是让自己当规则的制定者。如果不幸沦为"囚徒"，那就努力让信息互通，同时建立信任度——唯有如此，才能让自己利益最大化。比如三四个扒手公然在大巴上连扒带抢，一车人不敢作声。本来一车人群起而攻之，可以轻松制服几个毛贼，但是因为这一车人彼此不熟悉，都担心自己一出头就挨打。最后，虽然没有挨打，但还是损失了财物。类比囚徒困境中的囚徒，等于大家都被判了"8 年"，比挨打的"10 年"略好，但本来是可以被"释放"的。

最后，编者想要说的是：一个画地为牢、只考虑自身利益的人，迟早会落入囚徒困境而左右为难。唯有加强合作与沟通，并建立充分的信用度，才能创造出真正的双赢乃至多赢的局面。

段落内容

重复博弈：制约对手的硬招

一个小孩每天在固定的街角乞讨。有个路人偶然出于好玩，拿出一张 10 元纸钞和一枚 1 元的硬币，让这个小孩选择。出人意料的是，小孩只要 1 元硬币，不拿那 10 元纸钞。

这个有趣的现象传开了，并逐渐引起越来越多的人的兴趣。各式各样的人，怀着或同情，或取乐，或验证，或猎奇的心态，纷纷掏出 1 元的硬币与 10 元的纸钞让小孩选择。这个看上去并不愚笨的小孩从来没有让大家失望：不拿 10 元，只要 1 元。据说还有人拿出过 1 元和 100 元供小孩选择，但小孩显然还是对 1 元的硬币更加钟情。

一次，一个好心的老奶奶忍不住抱住这个可怜的小孩，轻声低问："你难道不知道 10 元比 1 元要多得多吗？"小孩轻声地回答："奶奶，我可不能因为一张 10 元的纸钞，而丢失掉无数枚 1 元的硬币。"

表面上看，是小孩主动选择了 1 元，但细究起来，其实是小孩"被选择"了。因为这个小孩是长期乞讨，不是做一锤子买卖。在经济学里，这叫"重复博弈"。顾名思义，是指同样结构的博弈重复许多次。

当博弈只进行一次时，每个参与人都只关心一次性的支付；如果博弈是重复多次的，参与人可能会为了长远利益而牺牲眼前的利益，从而选择不同的均衡策略。因此，小孩为了能细水长流，只能选择小的利益。对这个结果，经济学的表达是：重复博弈的次数会影响到博弈均衡的结果。

举一个生活中常见的例子：大多数火车站、汽车站附近的饭店的饭菜又难吃又贵。这不只是一个车站的问题，几乎所有的车站都存在这样的问题，原因何在呢？就因为这是一锤子买卖，对商贩来说，火车站来来往往的都是过客，这些陌生人不会因为饭菜好吃可口，而大老远地专程跑过来做个"回头客"；同样，如果过客觉得饭菜恶心，也不会花费时间精力来跟你追究。因此，对火车站的商贩们来说，卖次品要合算得多，可以赚到最多的钱。而你小区门口的饭庄就不同了，人家图你今天吃了明天还来，因此，在饭菜品质与价位上，总是会努力为食客着想。

重复博弈说明，人们的行为将直接受到对预期的影响，这种预期可分为两种：第一种是预期收益，即如果我现在这样做，将来能得到什么好处；第二种是预期风险，即我现在这样做，将来可能会遇到什么风险。正是某种预期的存在，影响了我们个人或者组织的策略选择。

要想还有下一次博弈，就不能光顾自己，得站在对方的立场上想一想。所以有"吃亏就是占便宜"的古训。当然，这个吃亏，常常是吃小亏。甚至大多数时候，并没有真正亏损：如本来可以赚10元的只赚1元，也叫"吃亏"。为什么提倡吃亏？因为这次吃了小亏，下次、下下次博弈中可以赚回来，这次赚的只是小钱，多次博弈后聚小成多。

值得注意的是，事情总是在变化中发展，一次性博弈可以演变成重复博弈，重复博弈也可以演变成一次性博弈。

有一顾客去理发店理发，理发师看着他面生，以为是过路客，就敷衍了事，三下两下给这个人理了一个很难看的发型——他以为是一次性博弈。这个顾客也没有生气，反而按照价格表上的价钱付了双份。

过了半个月时间，这个顾客又来理发。理发师觉得这个顾客一则大方，二则服务好了会是常客。因此他丝毫不敢怠慢，精心地给这人理了发。理完之后，顾客照照镜子，很满意。理发师也在盘算：这次他会支付多少钱呢？双倍还是四倍？

结果，顾客支付了半价。理发师非常惊讶，忍不住问："为什么上次我敷衍了事你支付了双倍，这次我那么精心你反而只给半价？"

顾客回答："我上次支付的是这次的理发费，这次支付的是上次的理发费。"

显然，在第一次理发的博弈中，理发师用的是一次性博弈策略，所以他在博弈中占了上风。而在第二次理发时，顾客给了理发师重复博弈的期望，等理发师运用重复博弈策略时，顾客用的却是一次性博弈。因而，在第二次博弈中顾客完胜。理发师要是知道这次顾客用的是一次性博弈，他也就不会"输"了。

可见，在任何博弈中，如果能预先获知对方的策略，我们就能适时调整策略以保证自身利益的最大化。如果你认准双方是"一次性博弈"，那么你不妨给对方一个重复博弈的预期，同时再选择适度背叛，则能够博取到自身最大的利益。如果你和对方还有很多次碰面或者长期合作的可能，那么你最好采用重复博弈的方式，也为对方想一想。

最后还要提醒各位的是：作为理性的经济人，即便面对重复博弈也不要放松警惕。因为对方没有背叛，常常只是诱惑不够。以开头的小孩为例，10 元不要，100 元，1000 元，10000 元呢？只要开足够的价码，就能摧毁他的心理防线。因此，古人既有"吃亏就是占便宜"的名训，也有"防人之心不可无"的告诫。

枪手博弈：弱者也有生存的罅隙

社会是复杂的。不论在商场还是在职场，人们在争取和保全利益的过程中，难免会发生一些矛盾和冲突。当个人的利益受到这样那样的威胁，人们的主观愿望肯定是保全所有的利益。然而，当客观情况不允许做到这一点时，特别是当你置身于一场与强敌的混战之中时，怎么办？

——枪手博弈就是弱者生存的智慧。枪手博弈又称为多方博弈。其经典博弈故事如下：

甲、乙、丙三个枪手都对彼此怀恨在心，于是决定持枪决斗，以生死了结恩怨。其中甲的枪法最好，命中率是80%；乙的枪法稍次于甲，命中率是70%；丙的枪法则是三人中最差的，命中率只有60%。

他们每人的枪里只有一颗子弹，可任意选择射击另外两个人中的一个。每个人只有一次杀死对手的机会，他们的目标是努力使自己活下来。谁活下来的可能性最大？如果你认为枪法最准的甲胜出，那么你就错了。

在决斗中，甲无疑会瞄准对自己威胁最大的乙，而乙也会瞄准对自己威胁最大的甲，而丙为了增加活着的概率，也会瞄准甲，那么三个人存活的概率都是多少呢？

甲 = 100% - 70% - (100% - 70%) * 60% = 12% （乙、丙两支枪瞄

准甲）

乙＝100%－80%＝20%（甲瞄准乙）

丙＝100%（没有人瞄准丙）

原来，枪法最差的丙竟然活了下来。

那么，换一种玩法呢？如果三个人轮流开枪，谁会生存下来？

如果甲先开枪的话，甲还是会先打乙。如果乙被打死了，则下一个开枪的就是丙，那么此时甲的生存概率为40%，丙依然是100%生存概率（他开过枪后因为甲没有子弹了，游戏结束）。如果甲打不死乙，则下一轮由乙开枪的时候一定会全力回击，甲的生存概率为30%。不管是否打死甲，第三轮中甲乙的命运都掌握在丙的手里了。

那么，如果游戏规则规定必须由丙先开枪，又该怎么办呢？

答案很简单，朝着天空胡乱开一枪，不要针对甲乙任何一人。当丙开枪完毕，甲乙还是会陷入互相攻击的困境。

从以上分析看，在这场决斗中，甲与乙被射杀的概率都很大，反而是枪法最差的丙可以100%活下来。

枪手博弈告诉我们一个道理——最优秀的往往最容易遭受四面八方的攻击。而弱者立于强者之中，反而有罅隙能够从容活下来。在多人博弈中，枪口往往指向那个最为优秀——也是最危险的一方。博弈参与方越多，最优良的枪手倒下的概率就最高。

枪手博弈就是弱者在与强者的博弈中智慧的显示。比如说三个人竞选某一个岗位，第一号和第二号强者各显神通，明争暗斗，而第三号不妨置身度外，让他们去打、去争。或许，在彼此的攻讦与拆台中，两败俱伤。结果，被第三号坐收渔翁之利。以"不争"为"争"，是一种大智若愚的智慧。如果不懂得这个智慧，一味蛮干，最终会伤害自己。所以，遇到事情的时候，我们一定要看清楚自己的立场，自己和对手之间的差距，找到自己的生存之道。

而如果你必须上决斗场，朝天空放一枪也是一种明智的态度。谁也不伤害，一幅与世无争的态度。当你与世无争的时候，说不定你所向往的利益正在向你走来。

要成为枪手博弈中的丙，除了在强者面前要学会示弱外，在弱者面前我们也应该学会示弱。在弱者面前示弱，可以令弱者保持心理平衡，减少对方或多或少的嫉妒心理，拉近彼此的距离。在弱者面前如何示弱呢？

例如：地位高的人在地位低的人面前不妨展示自己的奋斗过程，表明自己其实也是个平凡的人；成功者在别人面前多说自己失败的记录、现实的烦恼，给人以"成功不易""成功者并非万事大吉"的感觉；对眼下经济状况不如自己的人，可以适当诉说自己的苦衷，让对方感到"家家有本难念的经"；某些专业上有一技之长的人，最好宣布自己对其他领域一窍不通，袒露自己日常生活中如何闹过笑话、受过窘等；至于那些完全因客观条件或偶然机遇侥幸获得名利的人，完全可以直言不讳地承认自己是"瞎猫碰上死耗子"。

如果你能做到这些，恭喜你：你已经是一个很高明的枪手了。

酒吧博弈：多数人永远是错的

你留心过没有：每一年中考，两三个当地最好的重点高中的录取分数其实是有一定规律的。比方说，前年是一中录取分数最高，去年则会变成二中或三中（假设三所中学的美誉度不相上下），而今年的最高分，又往往不会是去年的。

同样的例子，在农业经济作物的种植与牲畜的养殖上也很明显。去年玉米价格很高，今年种植量马上就上去了，结果价格一落千丈，谷贱伤农。明年玉米产量锐减，价格又高起来。这样的波浪式起伏，有时是以两三年为一个周期的。

对于以上这些现象，在经济学中有一个名词来解释，叫"酒吧博弈"，或"酒吧问题"：

假设在一个小镇上总共有 100 个爱好泡吧的人，他们每个周末都想去酒吧。这个小镇上只有一间能容纳 60 个人的酒吧。超过 60 个人，酒吧就会显得有点挤，服务人员也不够，泡吧的乐趣会降低。

第一个周末，100 人中的绝大多数去了这间酒吧，导致酒吧爆满，他们都没有享受到应有的乐趣。多数人抱怨还不如不去。而少数没去的人反而庆幸，幸亏没去。

第二个周末，不少人在去之前，根据上一次的经验认为人会很多，于是决定还是不去了。结果呢？因为多数人都这么想，所以这次去的人很少，享受了酒吧高质量的服务。没去的人知道后又后悔了：这次应该去呀！

第三个周末，人多了……

对这个博弈有一个前提条件：每一个参与者面临的信息只是以前去酒吧的人数，因此只能根据以前的历史数据归纳出此次行动的策略，没有其他的信息可以参考，他们之间也没有信息交流。

20 世纪 90 年代，美国著名的经济学专家阿瑟教授针对真实人群做了酒吧博弈的实验。实验中去酒吧的人数如下：

周别	N	N+1	N+2	N+3	N+4	N+5	N+6	N+7
人数	44	76	23	77	45	66	78	22

在上表中，横坐标表示周末的编号，纵坐标表示去的人数。这个实验对象的预测呈有规律的波浪形态。

在这个博弈中，每个参与者都面临一个尴尬：多数人的预测总是错的。例如多数人都预测这个周末去的人少，结果去的人反而会多。反过来，如果多数人预测去得多，那么去的人会很少。也就是说，一个人要做出正确的预测，必须知道其他人如何做出预测。但是在这个问题中每个人的预测所根据的信息来源是一样的，即过去的历史，而并不知道别人当下如何做出预测。

要知道别人的预测，的确是个难题。不过，如果我们从实验数据来看，实验对象的预测呈有规律的波浪形态。虽然不同的博弈者采取了不同的策略，但是却有一个共同点：这些预测都是用归纳法进行的。我们完全可以把实验的结果看作是现实中大多数"理性"人做出的选择。在这个实验中，更多的博弈者是根据上一次其他人做出的选择而做出其本人"这一次"的预测。尽管这个预测已经被多次证明在多数情况下是不正确的。

通过酒吧博弈，我们要学会独辟蹊径的策略。不走寻常路，做出与大多数人相反的选择，更容易在博弈中取胜。拥有酒吧博弈智慧的人，不会盲目跟风，当大家都疯狂地涌向某个热门行业时，他们不会随大流。

2007 年，伴随新能源概念的热炒，国际市场的多晶硅价格从每公斤 66 美元上升到每公斤 400 美元，光伏产品的价格随之水涨船高。在高回报的诱惑下，大量资金涌入光伏行业。2008 年，我国光伏企业数量不到 100 家，到 2012 年已经发展到 300 多家，顶峰时一度达到 500 家。大量资金进入光伏产业的结局——中国光伏产业产能迅速占到全球的 70% 以上。

很快，这些进军光伏产业的企业就饱尝了苦果。中国光伏产业的龙头之一——无锡尚德电力 2012 年亏损额度达到 5 亿美元，折合人民币 30 亿以上。2013 年 3 月，尚德电力进入破产整顿期。一场光伏产业的寒冬，将一大批明星企业拖入冰窟之中。

除了创业，生活中有很多事情都有酒吧博弈的影子。哪怕是开车出行，选择路线也用得上酒吧博弈：大多数人喜欢走哪条路？昨天严重堵车的路今天会不会再堵？

酒吧博弈无法保证你的选择一定正确，但告诉了你一个全新的思路，能提升你选择的胜算。

哈定悲剧：公共资源的悲剧

2009 年 10 月 8 日，是国庆长假后的第一个工作日。这一天的上午 10 点，首都机场高速上堵车长达数小时，一男子终于无法忍受，他暴跳如雷地打开车门，拿出一根长长的棒球棍，所有人吃惊地看着他。只见他大骂着把地上一只蜗牛敲得粉碎，一边敲一边骂着："我忍你很久了！从高速入口你就一直跟着我，三小时后你居然还敢超了我的车!"

以上是一则黑色幽默，是哈定悲剧的一个现实注脚。哈定悲剧是经济学中的一个著名的悲剧，也是博弈论教科书中必定要讨论的经典问题。

1968 年，美国著名的生态学家格雷特·哈定在《科学》杂志上发表了题为 *The Tragedy of the Commons* 的论文。北京大学的张维迎教授将其译成《公共地悲剧》，但哈定那里的 the commons 不仅仅指公共的土地，还指公共的水域、空间等；武汉大学的朱志方教授将其译成《大锅饭悲剧》，有一定的道理，但也不完全切合哈定所表达的意思。有学者认为将其译成《公共资源悲剧》更确切些。

在论文中，哈定揭示了一种人类共有资产的集体困境："在共享公有物的社会中，每个人，也就是所有人都追求各自的最大利益。这就是悲剧的所在。每个人都被锁定在一个迫使他在有限范围内无节制地增加牲畜的制度中。毁灭是所有人都奔向的目的地。因为在信奉公有物自由的社会当中，每个人均追求自己的最大利益。"最后"公有物自由给所有人带来了毁灭"，这就是所谓的"哈定悲剧"，也称为"公地悲剧"。为了更形象地说明问题，哈定虚构了如下故事：

有一片茂盛的公共草场，政府把这块草地向一群牧民开放，这些牧民可以在草场上自由地放牧他们的牛。随着在公共草地上放牧的牛逐渐增多，公共草地上的牛达到饱和。此时再增加一头牛就可能会使整个草场收益下降，因为这会导致每头牛得到的平均草量下降。但每个牧民还是想再多养一头牛，因为多养一头牛增加的收益归这头牛的主人所有，而增加一头牛带来的每头牛因草量不足的损失却分摊到了在这片草场放牧的所有牧民身上。于是，对于每个牧民而言，增加一头牛对他的收益是比较划算的。在情形失控后，每个牧民都会不断增加放牧的牛，最终由于牛群的持续增加，使得公共草场被过度放牧而造成退化，从而不能满足牛的食量，并导致所有的牛因饥饿而死，因此成为一个悲剧。

哈定所虚拟的悲剧，实实在在地发生在现在的中国。最近几十年里，我国的草原荒漠化严重，其中一个重要原因就是过度放牧。牧民们想：反正草原是公家的，我不多养牲畜别人也会多养，我何不多养一些？原本只能承载100只羊的草场，就这样养了200只。结果，因为草料不够，羊将草根都吃了，将草地踩踏成荒漠，最终连10只羊也难以养活。

据2006年农业部遥感应用中心测算：中国牧区草原平均超载36.1%，荒漠化地区草场牲畜超载率为50%至120%，有些地区甚至高达300%！联合国沙漠化会议规定，干旱草原每头家畜应占有5亩草地作为临界放牧面积。目前，内蒙古草原每头家畜所占草场面积不足联合国沙漠化会议规定临界放牧面积的三分之一。

类似的悲剧数不胜数，宁夏"四宝"之一的发菜，甘肃的甘草，青海的虫草……大家一哄而上挖啊挖，结果不仅严重破坏水土植被，还导致这些名贵的物种愈来愈少。但是，人们还得拼命去挖，因为你不挖，别人也会去挖。

"哈定悲剧"展现的是一幅私人利用免费午餐时的狼狈景象——无休止地掠夺。"悲剧"的意义就在于此。哈定悲剧有许多解决办法，哈定认为："我们可以将之卖掉，使之成为私有财产；可以作为公共财产保留，但执行准许进入制度，这种准许可以以多种方式来进行。"哈定说："这些意见均合理，也均有可反驳的地方，但是我们必须选择，否则我们就等于认同了公共地的毁灭，我们只能在国家公园里回忆它们。"

最近几年，首都北京变成"首堵"，雾霾天气日益加剧，其根源就在于"哈定悲剧"。就汽车的暴增来说，一味诉求市民的道德显然无济于事（同时也放纵与激励了那些道德不够高尚的人）。而就污染排放来说，企业为了追求利润的最大化，宁愿以牺牲环境为代价，也绝不会主动增加环保设备投资。即使有一个企业从利他的目的出发，投资治理污染，而其他企业仍然不顾环境污染，那么这个企业的生产成本就会增加，价格就要提高，它的产品就没有竞争力，甚至企业还要破产。

因此，控制汽车牌照，关停、重罚污染企业，便成了政府"不得不做"的选择。

综上所述，要想避免哈定悲剧的出现，一是尽量将产权私有化，二是靠政策的管制。

零和博弈：单赢不是赢

零和博弈又称零和游戏或零和赛局，指参与博弈的一方的收益等于另一方的损失，即博弈各方的收益和损失相加总和永远为"零"，双方不存在合作的可能。打个最简单的比方：四个人打麻将赌博，任何时候输赢相加的和都是零——这就是所谓的"零和"。用幽默的语言来定义零和游戏的话，就是：快乐必须要建立在别人的痛苦之上。零和博弈的例子有赌博、期货等。如果忽略股票可怜的分红以及不多的交易税，股市也是一个零和博弈的场所。

如果说打牌赌博还有"小赌怡情"的精神收益，那么职场与商场之中的零和博弈应该尽量避免。因为零和博弈的结果具有非均衡性和非稳定性，往往导致"以牙还牙"、循环往复，所以从长远利益看，对双方也都是不利的。

那么，该如何做到非零和博弈呢？

非零和博弈，分为负和博弈与正和博弈。负和博弈属于两败俱伤，好比你我吵架升级，我打了你一顿，你进了医院，我进了法院，就你我两人来说都损失了。从功利主义角度讲，负和博弈对双方来说都是有害无益，更应当尽力避免。

就博弈参与各方的整体利益来说，正和博弈的结果是最为理想和可持续的。正和博弈也就是我们经常所说的双赢或多赢。例如你给老板打工，想涨工资。但你的工资涨了，老板那边的支出必然多了——这看上去是一个零和博弈，显然老板不会太乐意。假设你因为老板不乐意涨工资而和他打一架，则会变成负和博弈。但是，如果你转换一下思路，通过努力工作帮老板创造更多的效益，再要求老板涨工资，相信老板会容易接受得多。说不定，看你表现好他还会主动给你涨工资。

一个年轻人在一家贸易公司工作了1年，不仅工资最低，而且苦活累活都是他干，更要命的是，老板还是一个不好待候的家伙，老是对他的工作横挑鼻子竖挑眼。用年轻人的话说就是："老找我的茬"。

不是说年轻就是本钱吗？不是说此处不留人、自有留人处吗？年轻人血气方刚，准备在下一次老板再找茬时和他大干一场，出了恶气之后另谋出路。这个年轻人把自己的想法告诉了一个年长的朋友，他的朋友问他："你是你们公司很重要的人吗？"年轻人回答："不是。""不是的话，你和他吵一架之后走了，也许正合他意呢。他也许高兴还来不及，你出了什么恶气？再说，给一个平庸的人找一个替补还不是很容易的事情？"

年轻人冷静下来想想也是，于是向朋友讨计。朋友建议他："你从现在开始，努力工作与学习，尽快熟悉与掌握有关该公司的大小事务。等你成了一个多面手与能人之后，再一走了之，岂不让老板头疼加心疼？他一时之间到哪里去找你这么能干的人？——这种出气的效果，要远比你简单粗暴的吵架来得绵延透彻！"

年轻人不傻，想想朋友的建议真的是很有见地。于是他开始为将来的"复仇"而忙碌起来。

又是一年后，朋友再次见到了这位昔日不得志的年轻人。一阵寒暄过后，问年轻人："现在学得怎么样？足够让你的老板受'内伤'了吧?"年轻人兴奋中夹杂着一丝不好意思，回答道："自从听了你的建议后，我一直在努力地学习和工作，只是现在我不想离开公司了。因为最近半年来，老板给我又是升职，又是加薪，还经常表扬我。找茬的事情基本没有了，偶尔批评几句也委婉多了。"

很明显，这场博弈是正和博弈：年轻人提升了自身能力、获得了更好的职位与更高的薪水，老板得到了可用之才。如果年轻人和老板大吵一架之后辞职，无疑属于负和博弈。选择正和博弈，需要拓展思路、开动脑筋。研究博弈论的普林斯顿大学数学系教授约翰·纳什，也曾经差点陷入零和博弈的误区。

一个烈日炎炎的下午，纳什教授给一群学生上课，教室窗外的楼下有几个工人在修理房子。工人们手里的机器发出刺耳的噪音，严重影响纳什讲课，于是纳什走到窗前把窗户关上。马上有同学提出意见："教授，请别关窗子，实在太热了！"纳什一脸严肃地回答："课堂的安静比你舒不舒服重要得多！"然后转过身一边嘴里叨叨："给你们来上课，在我看来不但耽误了你们的时间，也耽误了我的宝贵时间……"一边在黑板上写着数学公式。

正当教授一边自语一边在黑板上写公式之际，一位叫阿丽莎的漂亮女同学（这位女同学后来成了纳什的妻子）走到窗边打开了窗子。纳什用责备的眼神看着阿丽莎："小姐……"而阿丽莎对窗外的工人说道："嗨！打扰一下，我们有点小小的问题，关上窗户，这里会很热；开着，却又太吵。我想能不能请你们先修别的地方，大约45分钟就好了。"正在干活的工人愉快地说："没问题！"又回头对自己的伙伴们说："伙计们，让我们先休息一下吧！"阿丽莎回过头来快活地看着纳什教授，纳什教授也微笑地看着阿丽莎，既像是讲课，又像是在评论她的做法似的对同学们说："你们会发现在多变性的微积分中，一个难题往往会有多种解答。"

　　而阿丽莎对"开窗难题"的解答，使得原本的一个零和博弈变成了另外一种结果：同学们既不必忍受室内的高温，教授也可以在安静的环境中讲课，结果不再是 0，而成了+2。而作为第三方的工人，也没有因此而产生停工的损失。

　　可见，很多看似无法调和的矛盾，其实并不一定是你死我活的僵局，那些看似零和博弈或者是负和博弈的问题，也会因为参与者的巧妙设计而转为正和博弈。正如纳什教授所说："多变性的微积分中，往往一个难题会有多种解答。"这一点无论是在生活中还是工作上，都给我们以有益的启示。

斗鸡博弈：绝地逢生术

记得在小学时，有一篇课文说的是两只山羊面对面过独木桥，互不相让，在桥上争斗，最终一起掉入河里。那时我会想，如果我是其中一只山羊，会怎么办呢？

显然，坚持前进打得头破血流双双掉进河里，不是最佳的选择。那么，就只好一方后退了。如果对方坚持不后退，唯有自己后退一步，让对方先通过。之后自己再过去。尽管后退浪费了一点自己的时间与精力，还有点让自己脸上无光，但总比掉到河里好很多。

以上故事里的山羊，一定不是"理性经济人"，也没有读过博弈学。在博弈学里有一个类似的模型叫"斗鸡博弈"，讲的是两只公鸡狭路相逢，谁也不服谁，在最后关头这两只鸡不会都采取进攻策略——因为两只公鸡都负担不起你死我活的冲突后果，但也不会都采取退让妥协策略。通常是一只鸡进，大胜；另一只鸡退，小败。

在《战国策》里记载了一则惊心动魄的故事，可以说是古人对博弈论的高超运用。

伍子胥的父亲伍奢和兄长伍尚是楚国的忠臣，因受费无忌谗害，伍奢和伍尚一同被楚平王杀害。伍子胥侥幸逃脱，想投奔临近的吴国。一路上，伍子胥小心地躲避楚军的追捕。

终于，伍子胥来到了楚吴边境。眼看胜利逃亡在即，但还是不慎被守关的斥候（侦察兵）抓住了。斥候对他说："你是朝廷重金悬赏的逃犯，我必须将你抓去面见楚王！"伍子胥说："不错，楚王确实正在抓我。但是你知道原因吗？是因为有人跟楚王说，我有一颗宝珠。楚王一心想得到我的宝珠，可我的宝珠已经丢失了。楚王不相信，以为我在欺骗他，我没有办法了，只好逃跑。现在如果你要把我交给楚王，那我将在楚王面前说是你夺去了我的宝珠，并吞到肚子里去了。楚王为了得到宝珠就一定会先把你杀掉，并且还会剖开你的肚子，把你的肠子一寸一寸地剪断来寻找宝珠。这样我活不成，而你会死得更惨。"

斥候信以为真，非常恐惧，只得把伍子胥放了。伍子胥终于逃出了楚国。

伍子胥和斥候在边境狭路相逢，伍子胥要过边境，斥候要抓他见楚王（楚王会杀了伍子胥）。这本来是一场实力悬殊的较量，几乎就是"人为刀俎，我为鱼肉"。但是伍子胥却虚张声势，将自己的力量提高到可以致对方于死地的地步。

站在伍子胥的角度，横竖难逃一死，不如放手一搏，做一只强硬进攻的"斗鸡"。站在斥候的角度，他面临的选择是：进攻——抓伍子胥可以得到赏金，但自己也会死；后退——偷偷放过伍子胥会拿不到赏金，但自己的命保得住。当然，斥候也未必就相信了伍子胥这个逃犯的话，但问题是：万一伍子胥说的是真的怎么办？显然，在伍子胥的话没有明显破绽的前提下，斥候没必要以命相搏。后退一下，放过伍子胥是他最佳的选择。

因此，在斗鸡博弈中，如果有一方拿出"绝不后退"的姿态并让对方相信，那么前者必定是最大的赢家。这就是为什么在纠纷中，讲理的人往往让着那些无理取闹、耍横玩命的人。

看到这里，也许有读者会这么想：看来做人还是无理取闹、蛮横霸道好，这样就能在纠纷中做最大的赢家。问题是，对这样的人个个唯恐避之不及，生怕走近你惹祸上身——结果是，你一个人玩去吧。这个社会，一个人玩能玩出什么名堂？就算你浑身是铁，又能打几斤钉？

斗鸡博弈在我们生活中有很多，比如生活中经常见到吵架——夫妻之间，朋友同事之间，陌生人之间，但绝大多数都是以一方退让而偃旗息鼓。国与国之间，也经常有斗鸡博弈：你威胁我要发动战争，我威胁你要动用高科技武器。双方调子都很高（都想做那只进攻的斗鸡），反复地试探、摸底……一旦确认对方真正的实力与策略，往往就会有一方退让，不至于酿成真正的武力对抗而两败俱伤。

最后需要强调的是：斗鸡博弈绝不会鼓励你总是去做那只进攻的"斗鸡"，很多时候退后也不失为最佳选择。不过，你一旦选择了进攻，就不要轻易退缩。唯有坚持到底，才能让对方心生恐惧，主动让路。

智猪博弈：我弱小，我有利

　　猪圈里有一大一小两头猪，它们进食时都需要触动东边的开关，每次触动都会让西边食槽里出现 10 个单位的猪食。而前去触动开关的猪因为体力损失，每次需要消耗 2 个单位的猪食营养。大猪嘴巴大，若小猪去触动开关、大猪在槽边等，大、小猪吃到食物的收益比是 9：1；同时去触动按钮，一起回到槽边，收益比是 7：3；大猪去触动开关、小猪守在槽边，收益比是 6：4；如果都守在槽边，两只猪一起挨饿。那么，在两头猪都有智慧的前提下，最终结果是：大猪忙着触动开关，小猪一直悠闲地守在槽边白吃。

　　这就是"智猪博弈"的模型，是由约翰·纳什在 1950 年提出来的著名的纳什均衡的例子。其原因很好理解：当大猪选择行动的时候，小猪如果也行动，其收益是 1（3-2），而小猪等待的话，收益是 4，所以小猪选择等待；当大猪选择等待的时候，小猪如果选择行动的话，其收益是-1（1-2），而小猪等待的话，收益是 0，所以小猪也选择等待。总之，你（大猪）去或不去，我都守在槽边，不急不躁。等待，永远是小猪的占优策略。

　　干了也白干，白干谁愿干？在智猪博弈中，制度的设计鼓励或助长了懒汉行为。试想，如果开关与食槽之间近一点，或者设计出一种"谁按开关谁吃"的食槽（大猪的槽高到小猪够不着，小猪的槽用格子网覆盖只有小猪的嘴能伸进去），那么懒汉就被逼得勤快起来了。

所以，我们经常说"制度是第一生产力"，是很有道理的。制度不公，人的积极性就难以调动。就像以前农村的公共食堂，做多做少大家得到的回报差不多，于是更多人心安理得地当起了不劳而获（少劳而获）的"小猪"。"小猪"一多，大猪小猪就都吃不饱了。作为制度设计者，一定要尽量在制度层面避免智猪博弈。

而作为博弈者，特别是自己还处于弱小的一方时，做聪明的"小猪"不失为最优选择。这个与道德无关。

立邦涂料从1992年进入中国至今，一直不遗余力地推广水性建筑涂料，从最初中国消费者不知道水性建筑涂料为何物，到现在水性建筑涂料的大面积运用，立邦公司可谓下了大功夫。

立邦一边空中广告轰炸，提高知名度；一边寻找经销商，进行销售布局。立邦之所以敢饮"头啖汤"，信心源于三方面：一是资金实力雄厚，二是销售技术成熟，三是产品比较优势明显。

立邦拥有资源颇多，充当大猪的角色，开始触动猪食开关。由于在进入时机的选择上非常恰当，再加之市场推广手法先进，产品施工简易，效果比较优势显著，立邦开始吃到食物，在2000年以前立邦至少吃到4成以上。

涂料市场被立邦慢慢加热，食物流量也越来越多，巨大的诱惑吸引了众多觊觎者。再加上乳胶漆行业进入门槛低，产品技术容易被复制，"小猪"开始形成，采取等待在食槽旁边的方法并抢食大猪触动开关后流下的食物，立邦吃到的食物骤减至不到2成。

实际上，案例中的小猪是无意识中采取了等待的态度。为什么说是无意识？因为对于众多的小厂家来说，如当时的华润，一无资金，二无技术，就是想去和大猪一起行动也是力不从心。这种无作为反而不自觉地帮了小猪，使小猪吃到食物，形成原始积累。

对于立邦来说，是尽了大猪的义务的。因为"智猪博弈"主张的是占用更多资源者承担更多的义务。立邦当初花大力气去触动开关，是想吃到更多的食物后迅速成长为超级大猪，占领 30% 以上的市场份额，形成市场垄断地位。不料在食物越来越多以后，代表众多厂家的小猪吃到的食物占到九成。更意外的是，出现另一头大猪多乐士，虽然和自己一起奔跑，但是抢吃的食物和自己几乎一样多。

经此一役，立邦在水性木器漆推广上开始变得聪明。水性木器漆是油性木器漆的升级产品，最大的优点在于无毒、无害、环保。由于油性木器漆是溶剂型涂料，采用苯类、脂类和酮类物质作为溶剂，挥发物对人体、环境有害。虽然国家对挥发物 VOC 做出了严格限制，但是治标不治本。水性木器漆采用水作为溶剂，挥发物 VOC 是水蒸气，真正做到环保、无毒无害。

欧美等发达国家水性木器漆的普及率高达 50% 以上，而在中国不到 1%。立邦在技术上有优势，在资金上有实力，为什么到现在还不推广水性木器漆？

显然，立邦是在吸取水性建筑涂料上的经验教训。立邦发现，现在推广水性木器漆的环境即将会遇到的问题，同过去自己在水性建筑涂料上的情况相似度很高。主要有几点：一是消费市场没有形成，消费意识需要引导和启发，这样将花费大量的财力物力；二是市场培育起来后小猪们搭便车，坐收渔人之利；三是产品市场前景广阔，利润可观。有了前车之鉴，立邦变得格外谨慎。作为名义上的大猪，立邦不想独自去触动开关，而是让小猪去触动。

在博弈中，抢占先机并不意味着占优，因为先驱很容易成为先烈；做强做大并不意味着有利，因为强大意味着要承担更多责任。

立邦在悟透这一层天机后，明智地选择了做形式上的小猪。而那些涂料厂家的小猪们好像并不甘心，他们大猪般努力地奔波于开关与食槽之间，但是吃到的食物并不多，嘉××等厂家亏损就是例证，之前的神州、迪邦、水清漆宝、亚力美推广水性木器漆更是惨淡出局。

立邦在水性木器漆市场开发中，不主动当辛勤的大猪是可取的。他让众多小猪去忙活，让小猪们承担消费意识的引导与市场培育的工作，以及市场开发的试错成本。等到市场培育完成，立邦便会携技术与资金优势强势出击，没支付多大成本却吃个肚儿圆。

鹰鸽博弈：强硬与温和的演进

我们都知道，老鹰是一种凶猛的飞禽，搏斗起来总是凶悍霸道、全力以赴，不拼个你死我活决不罢休。而鸽子是一种"和平"动物，性情温和，它们的进攻只是威胁恫吓，从不伤害对手。

如果老鹰同鸽子搏斗，鸽子会迅速逃跑，因此鸽子不会受到伤害；如果老鹰跟老鹰搏斗，就会一直打到其中一只受重伤或者死亡才结束；如果是鸽子同鸽子搏斗，那就谁也不会受伤。

每只动物在搏斗中都选择两种策略之一，即"鹰策略"或是"鸽策略"。对于为生存竞争的每只动物而言，如果"赢"相当于"+10"，"输"相当于"-5"，"重伤"与"死亡"相当于"-10"，"不受伤"即"+5"，最好的结局就是对方选择鸽而自己选择鹰策略（自己+10，对手+5），最坏的结局就是双方都选择鹰策略（双方各-10）。

这个博弈很多人认为等同于斗鸡博弈。不过，斗鸡是两个兼具侵略性的个体，鹰鸽却是两个不同群体的博弈，一个和平，一个侵略。在只有鸽子的一个苞谷场里，突然加入的鹰将大大获益，并吸引更多同伴加入。但结果不是鹰将鸽逐出苞谷场，而是一定比例共存，因为鹰群增加一只鹰的边际收益趋零时（鹰群发生内斗），均衡将到来。由此产生了"进化稳定策略"，也就是说一旦均衡形成，偏离的运动会受到自然选择的打击。鹰群饱和后，再试图加入的鹰将会被鹰群排挤。

在现实社会的生存博弈中，人们往往是排他地占有某种利益，围绕人们利害关系的对立，由此形成鹰鸽博弈的模式。不同的人、不同的团体、不同的派别，由于政治地位、经济利益、文化观念、生活环境、个人性格等因素的不同，对同一事物有着不同甚至对立的看法，往往会采取不同的立场与策略，从而可以区分为鹰派与鸽派，分别代表强硬与温和的策略选择。

对于国际政治博弈而言，鹰派一般在国运昌盛、实力膨胀之际，容易骄横自负、仗势欺人、不可一世，而在危机四伏、局势变化时，可能性情急躁、心生极端、铤而走险。鹰派比较迷信实力，尤其迷信武力，认为只要有了强大的力量，就可以纵横天下，畅行无阻，倘若有谁不服就以武力震慑而使其畏惧，或者就干脆出兵攻打，干掉对手。强硬政策可能会取得立竿见影的效果，但由于手法粗糙、步骤急切，往往会留下很多麻烦。

很多时候，对于同一个问题或者事件，鹰派与鸽派的态度截然不同。

相比较来说，鹰派注重实力，鸽派注重道义；鹰派注重利益，鸽派注重信义；鹰派注重眼前，鸽派注重长远；鹰派注重战术，鸽派注重战略；鹰派倾向于求快，鸽派倾向于求稳。但是，鹰派与鸽派到底何者更好一些，恐怕难以一概而论。此一时、彼一时，此一处、彼一处，不同的条件、不同的目标等不同的因素使得鹰派、鸽派各有其存在的根据和发展的空间，应该具体情况具体对待。

当然，鹰鸽两种策略各有利弊得失，鹰策略强硬有力但失之激进，鸽策略温和稳健却有些消极。因此，调和两者而取"中庸之道"往往会成为较好的策略选择。需要指出的是，中庸之道并不是左右之间的一条绝对中间线，并不是折中路线，而是伸屈自如、刚柔相济、不走极端的生存博弈策略。其实，所谓黄金分割点（约等于0.618）是处在中左或者中右的位置。

无论是国与国之间，还是企业与企业之间，或者职场的人与人之间，都很难做到一团和气。在两大阵营对垒的大格局已经形成时，多方竞局中更为弱小的一方可以采取两种策略：保持中立或加入某一阵营。

要想保持中立是需要有一些条件的。

第一，保持中立必须满足于较少的收益。因为在竞局中只有通过攻击对手，从对手的损失中获取收益才能获得更大的利益。保持中立不与人争，则只能得到竞局的平均收益，在零和竞局时，这个平均收益是0。如果不能满足于这个收益，则不能保持中立。

第二，即便你不与别人争别人也可能会与你争，特别是在竞局较为激烈的时候，保持中立就更难。所以，保持中立的第二个条件是所争的资源较丰富，争夺不太激烈，对抗性不强，这种竞局态势下中立派有较大的生存空间。

第三，在两大阵营形成后想继续保持中立，必须以一定的实力做后盾，使对阵的双方都不敢主动对其发动攻击，打破对阵态势。所以，保持中立的一方其实力必须大到一旦加盟某一阵营就会打破两大阵营力量对比的平衡的状态，这样才能在双方对阵的局势中作为第三方存在。

第四，中立地位是以双方对阵处于基本平衡的态势为条件的，一旦对阵双方决出胜负，对阵格局发生重大改变，原来中立的一方就可能成为下一个目标。所以中立位置不是一个稳定状态，只能作为过渡，随着局势的改变最终必然要调整。

更为弱小的没有实力保持中立的竞局者，或不满意于保持中立所得收益的竞局者，或曾经保持中立但已不能继续保持下去的竞局者，都要面临一次选择，加入某一个阵营。在选择时有一些基本的原则：第一，阵营中的合作者尤其是阵营的主要组织者必须能够容人，如果有虎狼之心，意在最终消灭所有其他竞局方则不能与之合作；第二，要选择有希望的阵营，这个有两条基本思路：选择强者和选择正义。

选择强者容易理解，因为强者更有希望在竞局中取胜。

选择正义也就是选择有正确策略的一方。行动纲领是抽象的，但从长远看，现在的一切力量不管多么强大都会随着时间推移而衰退，而正义不变，所以正义最终将是最强大的。所谓"得道多助，失道寡助"，这就是竞局中正确的策略。

这两种选择阵营的思路对博弈策略是有指导意义的，生活与工作中的我们经常会遇到的就是一个要参加某个阵营的问题，两种基本的选择思路对应了分析此类问题的方法。

马蝇效应：感谢让你不舒服的人

马蝇效应的提出者是美国总统亚伯拉罕·林肯。字面的含义是：再懒惰的马，只要身上有马蝇叮咬，它也会精神抖擞，飞快奔跑。

林肯在少年时，和兄弟在老家肯塔基的一个玉米场里面耕地。林肯吆喝马，兄弟扶犁。那匹马懒洋洋的，走走停停。但有一段时间马突然走得很快，林肯觉得很奇怪。这个时候他发现马的身上有一只很大的马蝇叮着它，于是他就把马蝇打落了。

看到林肯的举动，他的兄弟抱怨道："干吗把马蝇打掉啊，就是有马蝇的存在，马才走得快的。"果然，没有马蝇叮咬的马，又开始慢悠悠地走了。

看那些颓废的、被"丧文化"侵蚀的年轻人，他们毫无生气地浪费生命。他们啥也不缺，缺的是一只叮咬身体的马蝇。唯有在马蝇的叮咬下，他们的生存意识以及危机感才会增加，才会有动力去拼搏、开拓。

林肯当总统的时候，曾经邀请蔡思做他的内阁。蔡思是个狂妄自大的人，他觉得世界上的所有人都不如自己。他成为林肯内阁的目的也是想以内阁为跳板成为总统。他十分看重权势，狂热地追求最高领导权，并且嫉妒心极强。最关键的一点是，当蔡思想入主白宫的时候，却被林肯"挤"了，因此他对林肯一直怀恨在心。

林肯十分清楚蔡思的心思，但是由于蔡思实实在在是个大能人，又十分有才华，工作能力很强，林肯还是愿意重用他，并将他任命为财政部部长，尽量少与他产生摩擦。

很多人都对此表示不解，林肯于是讲了少年时在农村经历的马蝇故事，他说："如果现在有一只叫作'总统欲'的马蝇正奋力地叮在蔡思的身上，那么只要它能够使蔡思以及财政部门不停地向前跑，我就不想去打落它。并且，他让我有一种危机感，这种危机感使我更努力拼搏。"

林肯总统真是一箭双雕，不仅利用"总统欲"的马蝇，让蔡思卖力表现，还利用蔡思这只马蝇，鞭策自己奋进。

因此，如果你正处于无所事事的迷惘状态中，请为自己找一只马蝇。如果你正遇上强敌，也不必愤恨，坦然地面对他们吧。正是因为强敌的马蝇让你不舒服，你才不待扬鞭自奋蹄。

鸟笼效应：别被鸟笼控制你的行为

鸟笼效应非常有意思，说的是：假如一个人买了一只空鸟笼放在家里，那么一段时间后，他一般会为了用这只笼子再买一只鸟回来养而不会把笼子丢掉。这时，人反而被笼子所控制，成了笼子的俘虏。

鸟笼效应是一个著名的心理现象，又称"鸟笼逻辑"，其书面释义为：人们会在偶然获得一件原本不需要的物品的基础上，继续添加更多与之相关而自己不需要的东西。

鸟笼效应的发现者是近代杰出的心理学家詹姆斯教授。

1907年，詹姆斯从哈佛大学退休，同时退休的还有他的好友物理学家卡尔森。一天，两人打赌。詹姆斯说："我一定会让你不久就养上一只鸟的。"卡尔森不以为然："我不信！因为我从来就没有想过要养一只鸟。"

没过几天，恰逢卡尔森生日，詹姆斯送上了礼物：一只精致的鸟笼。卡尔森笑了："我只当它是一件漂亮的工艺品。你就别费劲了。"

此后，只要客人来访，看见书桌旁那只空荡荡的鸟笼，他们几乎都会无一例外地问："教授，你养的鸟什么时候死了？"卡尔森只好一次次地向客人解释："我从来就没有养过鸟。"

然而，这种回答每每换来的却是客人困惑且有些不信任的目光。

无奈之下，卡尔森教授只好买了一只鸟，詹姆斯的"鸟笼效应"奏效了。经济学家解释说，这是因为买一只鸟比解释为什么有一只空鸟笼要简便得多。心理学家则认为，即使没有人来问，或者不需要加以解释，"鸟笼效应"也会给人造成一种心理压力，促使其主动去买来一只鸟与笼子相配套。

鸟笼效应在我们生活中比比皆是。一个女孩子逛街时看到一只漂亮的水晶花瓶，就买了下来。结果正如你所猜测，她会经常买花，不让花瓶空着。再比如，如果有朋友搬家，将一些死了植物的空花盆寄放在你家，或者原本有植物但植物死了，一般情况下，你会买一些植物"不让花盆空着"。

18世纪，法国有位哲学家名叫丹尼斯·狄罗德。有一天，朋友送给他一件质地优良、图案高雅的酒红色睡袍，狄罗德非常喜欢。可当他穿上睡袍在家中反复寻找感觉时，总觉得家具的风格非常不协调，地毯的针脚也粗得吓人……于是，为了能和睡袍配套，他把旧东西全部更新了。书房的摆设也终于跟上了睡袍的档次，可他仍然感到不舒服，因为"自己居然被一件睡袍胁迫了"。后来，狄罗德把这种感觉写成一篇文章，题目是《与旧睡袍离别的痛苦》。

狄罗德因为睡袍而折腾不止，伍先生因为八仙桌而大动干戈。

罗先生和伍先生是湖南老乡，都在北京工作。两年前，罗先生由于家庭的缘故，决定回湖南长沙定居。他将家里的东西大部分都挂在闲鱼卖了，只剩下了一张仿古八仙桌。这书桌虽然是"仿古"，但用料与做工都很讲究，价格不菲。罗先生不愿意低价处理，就将其送给老乡伍先生作为纪念。

八仙桌搬回自家后，伍先生发现饭厅的欧式凳子根本配不上桌子，于是他花了两千多元买了四张实木仿古椅子。

长话短说，故事的结果是：两年后罗先生路过北京，来伍先生家做客，惊讶地发现伍先生家从家具到装修都是传统中式，不再是之前的简约风。

这一切，仅仅源于一张仿古八仙桌！

现在的你，不妨想一想：你的行为是否被"鸟笼"所控制？

如果回答是"是"，那么，赶紧扔掉那个空笼子吧。

费斯法则：别捡了芝麻丢了西瓜

费斯法则说的是：在拿到第二个以前，千万别扔掉第一个。

这个法则是美国管理学家费斯提出来的，后来被人称为费斯法则。要想在竞争中立于不败之地，就要做到在拿到新的东西之前，千万别放掉你手中的东西，尤其是手中的东西对你来说很重要时更应该如此。

可口可乐与百事可乐同是全球著名的碳酸饮料生产商。在 20 世纪商战史上，没有比可口可乐与百事可乐更激烈更扣人心弦的市场争夺战了。这两家占世界饮料绝对主导地位的美国企业，在全球范围内掀起了一场旷日持久的世界大战，可口可乐稳守反击，百事可乐攻势如潮，谱写出了一曲曲波澜壮阔的商界传奇。正是在两强的争夺战中，本来有着绝对优势的可口可乐由一个错误决策，而痛失了自己的绝对老大地位。这一切都源于可口可乐对自己处方的一次不明智改变。

20 世纪 80 年代，可口可乐与百事可乐打得不可开交。1983 年，可口可乐的市场占有率为 22.5%，百事可乐为 16%。1984 年，可口可乐是 21.8%，百事可乐是 17%。同期市场调查结果表明：百事可乐是一家年轻的企业，具备新的思想，富有朝气和创新精神，是一个发展快，想赶超第一的企业；不足之处是鲁莽，甚至有些盛气凌人。可口可乐得到的积极评价是：美国的化身，可口可乐是"真正"

的正牌可乐，具备明显的保守传统；不足之处是迟钝，自命不凡，很有社会组织的味道。

运用自己的年轻优势，百事可乐掀起了对可口可乐的新一轮冲击。经过精心策划，著名的 BBDO 广告公司为百事可乐公司策划出一份称作"白纸"的备忘录，它规定了百事可乐未来所有宣传的基本纲领，打出了"奋起吧，你是百事可乐新生代生龙活虎的一员"的广告口号。这个口号既迎合了年轻人追求时髦，想摆脱老一代生活方式的叛逆心理，又吸引中老年人想显示自己仍富于青春活力，而把可口可乐映衬为陈旧、落伍、老派的代表。

百事可乐的这一举措形成了一股强烈的冲击波，极大地撼动了可口可乐一个世纪的至尊地位，至少在可口可乐公司的人看来是如此。措手不及的可口可乐公司为了拉回被百事可乐夺去的"百事新一代"，耗资 400 万美元，于 1985 年 5 月修改了沿用了 99 年的"神圣配方"，推出了"新可口可乐"。然而，新可口可乐的推出，却使可口可乐走向了险象环生的深渊。后来的事实证明，在与百事可乐竞争的生死存亡的关键时刻，可口可乐犯了一个致命的错误。

新产品推出后，可口可乐公司每天收到多达 600 封的抗议信和 1500 次以上的抗议电话，更有许多消费者上街游行，强烈抗议新产品对他们的背叛。百事可乐公司更是火上浇油地推出了"既是好配方，为何要改变"的广告语。这个雄霸可乐世界百年之久的亚特兰大帝国，终因自己的连连失误，加上竞争对手的咄咄逼人，陷入空前的危机之中。

新可口可乐的推出忽视了一个重要的因素：人们对名品牌的感情支持度。可口可乐一向被作为美国精神的象征而为大多数美国民众所接受。新产品的推出，伤害了许多消费者对老品牌产品的忠诚。

他们认为可口可乐已不再是真正正宗的产品了，它太小家子气，百事可乐发动的一点小攻击，就使它乱了阵脚。这样做纯粹是在自己贬低自己，同时也侵害了消费者的尊严。

面对四面楚歌的危机，可口可乐被迫宣布恢复原有配方，并将其命名为古典可口可乐，并在商标上标明"原配方"。新可口可乐则将继续生产销售。这样，一路狂跌的公司股票才重新得以回升。

然而，这一策划上的重大失误，已造成可口可乐市场一片混乱。新老消费者都被弄得无所适从，百事可乐又借机制作了一个绝妙的攻击广告：

"要哪一个？"店员问道。

"就要一听可口可乐。"

"噢，这里有好几种可口可乐，有原来的可口可乐，也就是新可口可乐出现前的那种，新的可口可乐也就是你们习惯当它是老的那种……它是为你们最新改进的可口可乐，除了可口可乐外，它确是正宗的老可口可乐，但如今它都成为新可口可乐，我说这些你明白吗？"

这绕口令式的一段话，谁能明白呢？再冷静的顾客也不耐烦了，人们自然转向其他商品。

随后，可口可乐又利用百年庆典大做宣传，以挽回自己的颓势。14000名工作人员从办理可口可乐业务的155个国家和地区飞往亚特兰大，从全国各地30辆以可口可乐为主题的彩车和30个行进乐队中迂回取道开进城里。

公司免费以可口可乐招待夹道欢迎的30万群众，在半个地球之遥的伦敦还组织了更精彩的"上浪潮"新节目，60万张多米诺骨牌一次倒下，壮观无比，还通过卫星向世界各大城市转播了这一盛况。

但是，这空前的盛举并没有从根本上改变它与百事可乐争战的格局。1985年可口可乐与百事可乐的市场销售比是1.15∶1，两巨头已是平分秋色。而到了1993年，百事可乐以250.21亿美元的销售额高居世界最大工业公司的第48位，而可口可乐仅以139.57亿美元，远远落到第94位。百事可乐公司终于成了世界饮料市场的新霸主。

从软饮料市场的绝对领头羊，到最后丢掉世界软饮料市场的霸主地位，可口可乐的教训是值得深思的。在新饮料还未在市场站稳脚跟之前，就过早地宣布老饮料停产，是可口可乐公司的致命错误。

不单是商战上要牢记费斯法则，我们在工作、生活中也需要时时警醒。